# 高温超声深滚喷涂金属陶瓷涂层的组织结构及其摩擦学性能

# Microstructure and tribological properties of high-temperature ultrasonic deep rolling sprayed metal-ceramic coatings

赵运才　何　扬　著

华中科技大学出版社
中国·武汉

## 内容简介

本书针对喷涂涂层关键使用性能——耐磨性，以及后处理工艺中存在的主要问题，将超声滚压技术和热处理技术耦合，对涂层微观结构实施协同调控，建立起高温超声深滚工艺—组织结构—摩擦学性能的系统体系，为制备无微观缺陷的高性能涂层提供理论支撑和技术指导。

本书共8章，主要内容包括绪论，高温超声深滚对喷涂金属陶瓷涂层组织形貌的影响，基于响应曲面法的高温超声深滚 Ni/WC 涂层孔隙率工艺择优，基于正交试验的温度辅助超声滚压工艺参数优化，高温超声深滚温度、静压力、下压量、主轴转速对喷涂金属陶瓷涂层摩擦学性能的影响。

喷涂涂层的调控与机械、材料工程等学科密切相关。本书可供从事喷涂涂层调控和性能改善工作的研究人员、大专院校摩擦学及表面工程专业的师生参考。

**图书在版编目(CIP)数据**

高温超声深滚喷涂金属陶瓷涂层的组织结构及其摩擦学性能/赵运才，何扬著.—武汉：华中科技大学出版社，2024.1

ISBN 978-7-5772-0289-1

Ⅰ.①高… Ⅱ.①赵… ②何… Ⅲ.①金属陶瓷涂层-研究 Ⅳ.①TG174.453

中国国家版本馆 CIP 数据核字(2023)第 239006 号

**高温超声深滚喷涂金属陶瓷涂层的组织结构及其摩擦学性能**　　赵运才　何　扬　著

Gaowen Chaosheng Shengun Pentu Jinshu Taoci Tuceng de Zuzhi Jiegou ji Qi Mocaxue Xingneng

策划编辑：张少奇
责任编辑：刘　飞
封面设计：廖亚萍
责任监印：周治超
出版发行：华中科技大学出版社(中国·武汉)　　电话：(027)81321913
　　　　　武汉市东湖新技术开发区华工科技园　　邮编：430223
录　　排：武汉市洪山区佳年华文印部
印　　刷：武汉科源印刷设计有限公司
开　　本：710mm×1000mm　1/16
印　　张：7.75
字　　数：139 千字
版　　次：2024 年 1 月第 1 版第 1 次印刷
定　　价：49.80 元

# 前　言

热喷涂技术是表面工程中重要的表面技术，是已被列入国家远景规划中需要大力发展的先进制造技术。近年来，以 WC、$Cr_3C_2$、TiC 和 $TiB_2$ 等陶瓷作为硬质相，Ni、Co 和 Fe 作为黏结相的热喷涂金属陶瓷涂层在国内外得到了广泛研究和关注，并在航空航天和大型舰艇等高科技领域得到了广泛应用，是一种十分富有应用前景的涂层。

随着航空航天、核工业和大型舰艇等高科技领域对涂层性能的不断追求，改变涂层组织或改善对组织进行适当调节的后处理工艺是亟待解决的关键问题。本书针对喷涂涂层关键使用性能——耐磨性，以及后处理工艺中存在的主要问题，将超声滚压技术和热处理技术耦合，对涂层微观结构实施协同调控，进一步探索高性能涂层的制备方法。以温塑性成形和超声深滚理论为基础，建立高温辅助超声滚压各工艺参数与涂层孔隙率的二阶回归方程，对不同高温超声深滚工艺参数的涂层组织和性能的协同调控机制进行试验研究，获得高温超声深滚涂层微观组织结构的演化过程、涂层表层性能强化机制以及涂层摩擦学性能的演变规律，揭示后处理工艺中相关要素与高温超声深滚摩擦学性能的内在关联性，建立起高温超声深滚工艺—组织结构—摩擦学性能的系统体系，为制备高性能喷涂涂层提供理论支撑和技术指导。

本书密切结合等离子喷涂金属陶瓷涂层的关键使用性能，以及高温超声深滚涂层过程中存在的主要问题开展基础性应用研究，将推进喷涂金属陶瓷涂层技术的工业化应用进程，满足航空航天、核工业、大型舰艇和大型矿山冶炼装备等高科技领域对高性能涂层的需要，对国民经济和国防建设具有重要影响。与此同时，本书所涉及的研究内容是再制造工程的重要组成部分，也是江西省重点支持和优先发展绿色制造、节能减排和循环经济的主要内容之一，对挖掘再制造产业潜力、实现可持续发展具有重要的意义。

本书由江西理工大学赵运才、赣南科技学院何扬撰写，依托“基于高温超声深滚喷涂金属陶瓷涂层的界面行为与微晶化形成机制研究”项目（项目编号：51965023）成果，特别感谢国家自然科学基金委员会对本书撰写和出版的支持。

由于学识所限，加之本书内容涉及机械、材料工程等学科，书中难免有疏漏和不妥之处，敬请读者批评指正。

**赵运才**

**2023 年 8 月**

# 目录

第 1 章　绪论 …… (1)
1.1　引言 …… (1)
1.2　热喷涂技术 …… (2)
1.2.1　等离子喷涂技术 …… (3)
1.2.2　等离子喷涂的优缺点 …… (3)
1.3　热喷涂金属陶瓷涂层后处理技术 …… (4)
1.3.1　热处理 …… (4)
1.3.2　激光重熔 …… (5)
1.4　超声滚压强化技术 …… (7)
1.4.1　超声滚压强化机制 …… (8)
1.4.2　超声滚压的特点 …… (9)
1.5　复合超声滚压 …… (10)
第 2 章　高温超声深滚对喷涂金属陶瓷涂层组织形貌的影响 …… (11)
2.1　引言 …… (11)
2.2　Ni/WC 涂层的组织形貌 …… (12)
2.3　高温超声深滚 Ni/WC 涂层的表面形貌 …… (13)
2.4　高温超声深滚 Ni/WC 涂层的截面形貌 …… (14)
2.5　高温超声深滚 Ni/WC 涂层的物相 …… (16)
2.6　界面元素分析 …… (18)
2.7　本章小结 …… (20)
第 3 章　基于响应曲面法的高温超声深滚 Ni/WC 涂层孔隙率工艺择优 … (22)
3.1　引言 …… (22)
3.2　响应曲面法介绍 …… (22)

3.3 试验设计与数据处理 …………………………………………………… (24)
3.3.1 孔隙率响应方程的建立 ……………………………………………… (25)
3.3.2 孔隙率模型检验及显著性分析 ……………………………………… (26)
3.3.3 影响孔隙率主要因素的交互影响分析 ……………………………… (27)
3.3.4 参数优化与验证 …………………………………………………… (31)
3.4 本章小结 …………………………………………………………………… (31)
**第4章 基于正交试验的温度辅助超声滚压工艺参数优化** ……………… (33)
4.1 正交试验方案 ……………………………………………………………… (33)
4.2 涂层表面粗糙度的正交试验分析 ………………………………………… (34)
4.2.1 极差分析 …………………………………………………………… (34)
4.2.2 方差分析 …………………………………………………………… (36)
4.3 涂层表面硬度的正交试验分析 …………………………………………… (40)
4.3.1 极差分析 …………………………………………………………… (40)
4.3.2 方差分析 …………………………………………………………… (41)
4.4 涂层表面残余应力分析 …………………………………………………… (43)
4.4.1 极差分析 …………………………………………………………… (43)
4.4.2 方差分析 …………………………………………………………… (44)
4.5 本章小结 …………………………………………………………………… (46)
**第5章 高温超声深滚温度对喷涂金属陶瓷涂层摩擦学性能的影响** ……… (47)
5.1 温度对Ni/WC涂层表面粗糙度的影响 …………………………………… (47)
5.2 温度对Ni/WC涂层显微硬度的影响 ……………………………………… (48)
5.3 温度对Ni/WC涂层表层残余应力的影响 ………………………………… (50)
5.4 孔隙率及孔隙率演变分析 ………………………………………………… (51)
5.5 温度对Ni/WC涂层摩擦学特性的影响 …………………………………… (54)
5.5.1 摩擦因数 …………………………………………………………… (54)
5.5.2 磨损量 ……………………………………………………………… (56)
5.5.3 磨损机理 …………………………………………………………… (57)
5.5.4 耐磨性增强机理 …………………………………………………… (58)
5.6 本章小结 …………………………………………………………………… (60)
**第6章 高温超声深滚静压力对喷涂金属陶瓷涂层摩擦学性能的影响** …… (62)
6.1 静压力对Ni/WC涂层显微硬度的影响 …………………………………… (62)
6.2 高温超声深滚静压力诱导晶粒细化机理分析 …………………………… (63)
6.3 静压力对Ni/WC涂层表层残余应力的影响 ……………………………… (66)
6.4 静压力对Ni/WC涂层摩擦学特性的影响 ………………………………… (71)

6.4.1　摩擦因数 …… (71)
6.4.2　磨损量 …… (72)
6.4.3　磨损机理 …… (73)
6.5　本章小结 …… (75)
**第7章　高温超声深滚下压量对喷涂金属陶瓷涂层摩擦学性能的影响** …… (77)
7.1　下压量对 Ni/WC 涂层表面粗糙度的影响 …… (77)
7.2　下压量对 Ni/WC 涂层显微硬度的影响 …… (79)
7.3　下压量对 Ni/WC 涂层表层残余应力的影响 …… (80)
7.4　高温超声深滚 Ni/WC 涂层组织强化机理 …… (83)
7.4.1　细晶强化机理 …… (83)
7.4.2　加工硬化机理 …… (85)
7.4.3　应力强化机理 …… (86)
7.5　下压量对 Ni/WC 涂层摩擦学特性的影响 …… (87)
7.5.1　摩擦因数 …… (87)
7.5.2　磨损量 …… (89)
7.5.3　磨损机理 …… (90)
7.6　本章小结 …… (92)
**第8章　高温超声深滚主轴转速对喷涂金属陶瓷涂层摩擦学性能的影响** …… (94)
8.1　主轴转速对 Ni/WC 涂层表面粗糙度的影响 …… (94)
8.2　主轴转速对 Ni/WC 涂层显微硬度的影响 …… (95)
8.3　主轴转速对 Ni/WC 涂层表层残余应力的影响 …… (98)
8.4　主轴转速对 Ni/WC 涂层摩擦学性能的影响 …… (99)
8.4.1　摩擦因数与磨损量 …… (99)
8.4.2　磨损机理 …… (102)
8.5　本章小结 …… (106)
**结束语** …… (108)
**参考文献** …… (109)

# 第1章 绪　　论

## 1.1 引　　言

磨损在日常生产生活中不可避免，是机械零部件表面失效形式之一。表面工程可提高材料的耐磨性能，对于提高机械零部件的服役寿命、降低成本、节约材料与能源具有重大意义。热喷涂技术作为表面工程的重要支撑技术之一，广泛应用于航空航天、交通运输、石油化工表面防护等领域的耐磨、耐腐蚀、耐高温涂层的制备中。Ni/WC涂层具有金属高韧性以及陶瓷高硬度、高耐磨性的优点，广泛应用于材料表面防护和强化领域。

等离子喷涂具有热源温度极高、几乎所有喷涂材料均适用的优点，常用于喷涂Ni/WC涂层等金属陶瓷耐磨涂层。但是，热喷涂金属陶瓷涂层存在以下问题，导致其无法满足极端恶劣环境对涂层性能的需求：① 由于硬质相陶瓷颗粒的存在，金属陶瓷涂层组织呈粗大的片层状，孔隙度较高，裂纹较多，且涂层与基材间为机械结合，涂层的磨损呈现出脆性断裂特征；② 残余应力是热喷涂涂层本身固有的特性之一，其产生的主要原因是涂层与基体之间有着较大的温度梯度和物理特性差异。而金属陶瓷涂层中合金粉体和陶瓷颗粒的物理性能（特别是热膨胀系数和弹性模量）相差很大，使得在涂层内部以及基体与涂层界面处产生幅值高和梯度大的残余应力。上述问题使涂层内部存在组织疏松、层间内聚力低、与基体结合不牢固等缺点，使涂层在高温、高速和重载等工况下的应用受到限制。因此，迫切需要一种高质高效的后处理技术来改变涂层的组织或对原有的组织进行适当调节，满足高科技领域对涂层性能的不断追求。

通常，对热喷涂涂层进行适当的后处理，可以减少或消除涂层内部的缺陷，改善涂层内部的组织结构，提升涂层的使用性能。热喷涂涂层常用的后处理技术有重熔处理、激光冲击、热等静压等。这些后处理技术均能通过调节涂层内部组织结构达到提高热喷涂涂层表面性能的目的，但成本高、能耗大。

超声滚压技术是近几年发展起来的一种表面改性技术，能在不改变材料化学成分的前提下，通过剧烈塑性变形细化材料表层晶粒、引入残余压应力，有效地改善材料的表面性能。目前，超声滚压技术主要用于金属材料的表面强化，也有学者将超声滚压技术用于改善热喷涂涂层的组织性能。超声滚压强化效果主要取决于被加工的材料，硬度高、延展性低的材料在超声滚压过程中需要较大的载荷才能达到理想的强化效果，但这容易引起过度的加工硬化和不良的光整效果。温塑性成形使超声滚压强化高硬度、低延展性的材料成为可能，材料在高温下的塑性变形抗力减小，在相同的实验条件下，能产生更好的强化效果。屈盛官等人在采用加温辅助滚压（warming-assisted burnishing，WAB）工艺强化 Ti-6Al-4V 合金时发现，相比于常温滚压处理的试样，采用 WAB 工艺处理的试样的抗微动磨损量降低了 47.5%。

本书针对等离子喷涂 Ni/WC 涂层的耐磨性及后处理工艺中存在的主要问题，将超声滚压技术与热处理技术耦合，形成等离子喷涂 Ni/WC 涂层的后处理工艺——高温超声深滚工艺，期望该工艺能改善 Ni/WC 组织结构，提升涂层的综合性能。本书在超声滚压技术对改善涂层性能方面取得的研究成果，能为金属陶瓷涂层后处理工艺提供技术参考。

## 1.2 热喷涂技术

图 1-1 为热喷涂过程示意图。热喷涂是用高温热源快速将喷涂材料（丝材、棒料、粉末）加热成熔融或半熔融状态的粒子束，然后加速喷射到经过净化和粗化处理的基体表面的喷涂技术。粒子撞击基体表面时，在基体表面飞溅、变形和冷却

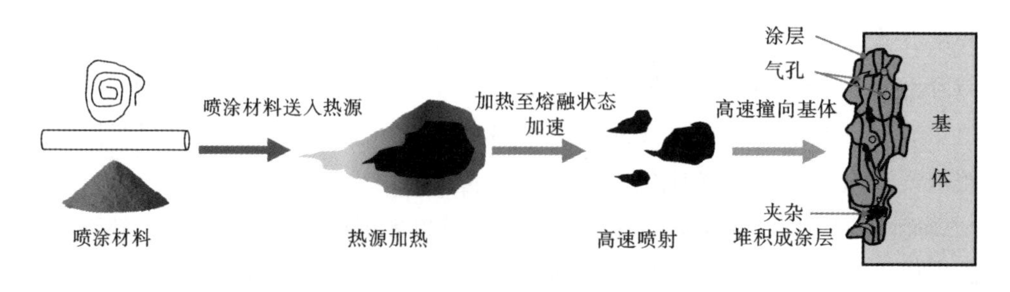


图 1-1　热喷涂过程示意图

凝固，后续粒子再层层搭接、堆叠，形成具有耐磨、耐高温、耐腐蚀等特定性能的涂层。

### 1.2.1 等离子喷涂技术

等离子喷涂的原理如图 1-2 所示。等离子喷涂时，喷嘴（阳极）与喷枪（阴极）分别与直流电源的正负极相连，阴极与喷嘴产生的非转移型等离子弧将 Ar、$N_2$ 等工作气体加热解离成高温等离子气体，在机械压缩、热压缩和自磁压缩的共同作用下，从喷嘴高速（1000～2000 m/s）喷出，形成高速的等离子焰流；喷涂粉末被送粉气输送到喷嘴处的焰流中，熔化并以大于 150 m/s 的速度喷射到基体上，层层堆叠形成涂层。

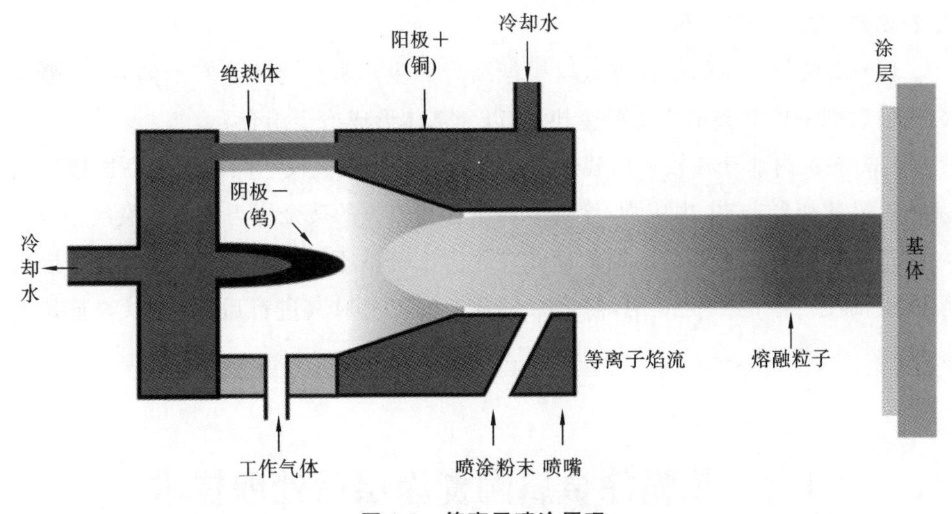


图 1-2 等离子喷涂原理

### 1.2.2 等离子喷涂的优缺点

等离子喷涂是常用的一种热喷涂方式，具有以下优点。

（1）喷涂材料范围广泛、种类繁多。等离子喷涂设备形成的等离子焰流温度极高，能够将几乎所有的热喷涂材料加热至熔融状态进行喷涂，非常适合用于喷涂熔点高的材料。等离子喷涂使用的喷涂材料很广泛，能在基体表面获得各种优异性能的涂层,如热障涂层、耐磨涂层等。

(2) 工艺稳定性好,喷涂涂层质量高。等离子喷涂的各项工艺参数均可定量调节,能确保等离子焰流被有效压缩而稳定聚集。同时,熔融状态的喷涂材料在喷嘴处被加速,高速撞击基体时变形充分,涂层与涂层之间结合紧密,涂层与基体的结合强度高。

(3) 对基体的热影响程度小。虽然喷涂时熔融粒子的温度较高,但可通过吹冷却气体的方式使基体保持较低的温度,保证基体在喷涂过程中不变形,物理化学性能维持稳定状态。

尽管等离子喷涂技术具有上述优点,但依然存在热喷涂涂层不可避免的缺陷。

(1) 涂层为层状结构,涂层内部存在孔隙。喷涂过程中,由于喷射速度快,部分喷涂材料不能完全熔化,喷射到基体上的粒子层层堆叠,难免会出现堆积不完全的现象,导致孔隙存在。

(2) 涂层与基体的结合方式以机械结合为主。基体与喷涂粒子温差大,喷涂粒子喷射到基体上会迅速变形冷却,难以和基体形成冶金结合。

(3) 涂层内部存在较大的残余应力和较多的微观裂纹。喷涂粒子高速撞击到基体上迅速变形,产生内应力,涂层冷却后存在较大的残余应力和微观裂纹。

这些缺陷使得热喷涂涂层的性能在恶劣工况下不稳定,阻碍了等离子喷涂涂层在生活生产中的广泛应用,需要采用合适的工艺对其进行后处理,以改善其组织性能。

## 1.3 热喷涂金属陶瓷涂层后处理技术

### 1.3.1 热处理

涂层的后热处理是提高涂层组织性能的方法之一,在加热、保温、冷却的热处理过程中,涂层物相变化和界面元素相互扩散可改善涂层的组织结构,修复涂层的内部孔隙和裂纹等缺陷,释放残余应力,从而提高涂层的致密度和层间结合强度,增强其耐磨性能。热处理过程对涂层/基体的性能有重要影响,固态相变与元素的扩散密不可分，喷涂涂层采取适当的热处理工艺能通过界面扩散行为调节涂层微观组织结构，消除或减少微观缺陷和减小残余应力，可以提高涂层的界面性能。因此，研究涂层和基体界面处的元素扩散行为对改善涂层/基体系统的显微组织与性能具有重要意义。

K. Deenadayalan 等人研究了短时间热处理对等离子转移电弧焊 NiCr-WC 涂层摩擦磨损性能的影响，发现 500 ℃、10 min 的短暂热处理后，界面区域以亚晶为主，界面厚度较未处理涂层略有增加；涂层内高阶不稳定的 $Ni_{23}B_6$ 和 $Cr_{23}C_6$ 转变为低阶稳定的 $Ni_3B$ 和 $Cr_7C_3$，涂层的磨损率降低，耐磨性提高。涂层与基体结合，$Ni_3B$ 和 $Cr_7C_3$ 相硬质相的生成，提高了 NiCr-WC 涂层的耐磨性和抗氧化磨损性能，硬质相赋予 NiCr-WC 涂层更高的承载能力。

孙万昌等人对 42CrMo 钢表面制备的 HVOF WC-17Co 涂层进行热处理。发现 500 ℃热处理后，涂层有孔径较大的气孔，700 ℃以上热处理后，大孔径气孔的数量减少；900 ℃热处理后，涂层的磨损量为 3.325 μg/m，耐磨性最好，比喷涂态涂层降低近 51%。这归因于冷却过程中涂层表面析出了细小且均匀的 $Co_6W_6C$，起到很好的弥散强化作用，且热处理后涂层内部的残余压应力增大，抑制了涂层开裂。

热处理工艺对涂层显微组织和相结构产生了显著的影响，在热处理过程中，基体和涂层之间的界面存在元素扩散行为，新的晶相的原位生成有利于涂层的自增韧和自修复效应。同时，在高温作用下，涂层屈服应力的下降、材料的蠕变效应和应力松弛效应都使涂层残余应力得到调整或消除，改善了涂层/基体系统的显微组织与性能。但涂层在热处理后依然存在孔隙，部分孔隙气孔甚至因高温发生膨胀与融合，使孔洞变大，这对涂层的性能是不利的。

### 1.3.2 激光重熔

热喷涂金属陶瓷涂层主要的后处理方法是激光重熔。如图 1-3 所示，激光重熔采用聚集的高能量激光束将喷涂态涂层中熔点较低的材料快速熔化，再快速冷却凝固，激光重熔后涂层与基体形成冶金结合，基本消除了涂层中的孔隙和裂纹等缺陷，提高了涂层的致密度，改善了涂层的综合性能。

但是，由于金属陶瓷涂层中陶瓷相的熔点高于合金基体，且它们之间的热膨胀系数、弹性模量和导热系数相差极大，在激光辐照之后形成的熔池区域的温度梯度很大，由此所产生的热应力易导致涂层产生裂纹和剥落。

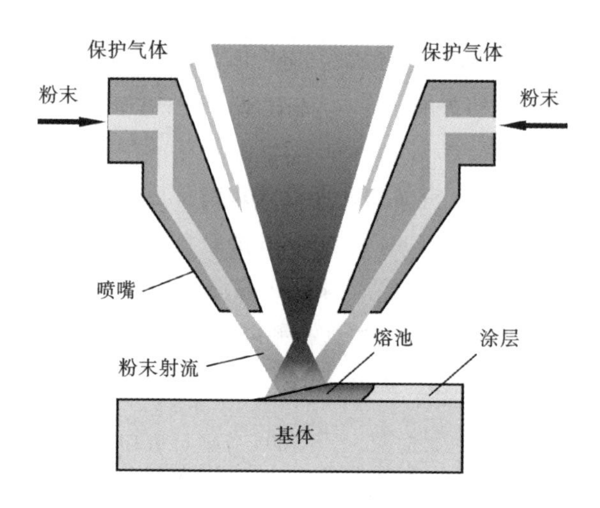


图 1-3 激光重熔示意图

Filipe 等人为提高等离子喷涂氧化锆热障涂层的抗蠕变性，对其进行激光重熔处理，发现在 600 ℃条件下，激光重熔样品的稳定蠕变速率相较于未滚压试样降低了约 42%，即激光重熔涂层比喷涂态涂层具有更高的抗蠕变性，但是激光重熔后，氧化锆涂层表面存在清晰的激光轨迹和裂纹。

Biswajit Das 等人研究了等离子喷涂和激光重熔 $Al_2O_3$ 和 $Cr_2O_3$ 涂层在恒定载荷和可变载荷下的耐划伤性能，由于重熔涂层的硬度、弹性模量和压痕断裂韧性提高，激光重熔后涂层的破坏载荷和结合强度分别提高了 65%和 94%，耐划伤性能提升了 88%。但在重熔涂层的横截面上观察到明显的径向裂纹。

陈志刚等人对 Ni/WC 涂层进行激光重熔处理，发现重熔后的涂层表面依然存在裂纹。他们认为这主要与涂层内部的残余应力有关，熔化层周边区域冷却比中心区域快，产生了超过涂层断裂强度的热应力，导致涂层表面开裂。林晓燕等人发现激光重熔 Ni/WC 涂层表面存在裂纹，认为这主要与材料加热不均匀和熔化层冷却不均匀有关。

由此可见，激光重熔处理能够消除涂层中大多数组织结构的缺陷，改善了涂层的综合性能；同时，可通过控制激光处理工艺参数，获得有益相并控制有害相的形成，消除涂层中的疏松、孔隙等缺陷，提高涂层的致密度与结合强度，从而达到改性的目的。但激光重熔金属陶瓷涂层极易使涂层出现裂纹和剥落等问题，有待深入研究。

# 1.4 超声滚压强化技术

喷丸、深滚、激光冲击和超声冲击是常用的表面机械强化技术。然而,不同的表面机械强化技术各有优缺点,这将影响其应用效果和适用范围。喷丸技术容易导致零件表面粗糙度变差,深滚、超声冲击技术会在零件表面形成分布不均匀且较浅的压应力场,而激光冲击技术的激光转换效率低,设备成本高。超声滚压是近年来发展迅猛的表面强化技术,超声滚压示意图如图 1-4 所示。

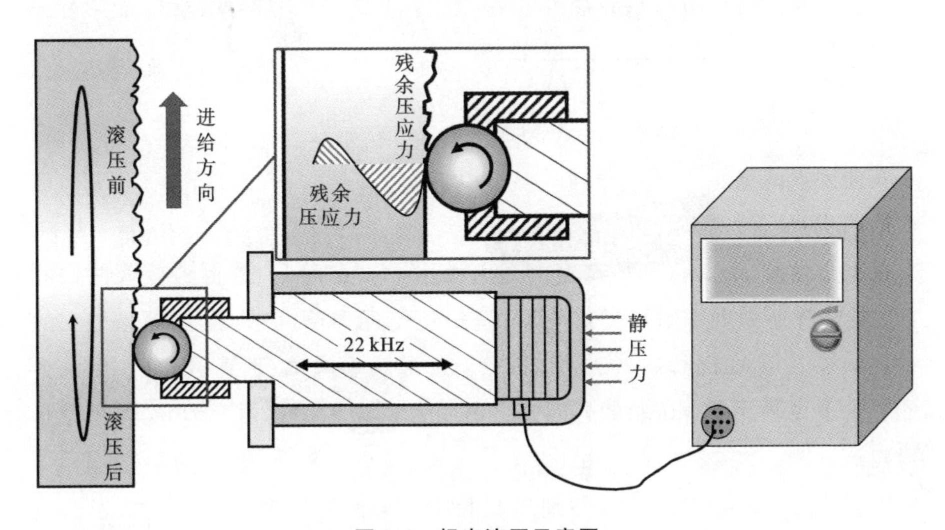


图 1-4 超声滚压示意图

超声滚压技术是一种动态冲击式压力光整加工工艺,它通过高频超声振动与静压力结合的方式对工件表面进行往复滚压加工。超声滚压装置主要由超声波发生器、预紧弹簧、超声换能器、超声变幅杆、滚压球组成,超声滚压加工示意图(整体结构及局部细节)如图 1-4 所示。在超声滚压过程中,超声能量通过超声加工系统传递至工件表面,周期性的动态冲击与滚压作用诱使材料发生更大的弹塑性变形,进一步降低了表面粗糙度,实现了"削峰填谷"。微观组织的细化和表面加工硬化程度的提高,有效促进了硬度的提高,同时在材料表层形成更深的梯度纳米硬化层和残余压应力影响区域,大幅提升了材料的抗疲劳性、耐磨性和抗腐蚀性等综合性能。

### 1.4.1 超声滚压强化机制

依据加工材料和加工工艺的不同，材料的强化机制一般有细晶强化、加工硬化、固溶强化、沉淀强化、弥散强化、相变强化和元素偏聚等。超声滚压强化表面梯度纳米结构及强化机制如图 1-5 所示，高频冲击使涂层表面产生剧烈的塑性变形，受金属材料自身层错能、晶体结构及塑性变形过程中应变速率等因素的影响，塑性变形诱导表层晶粒细化的机制主要为位错滑移和机械孪生。

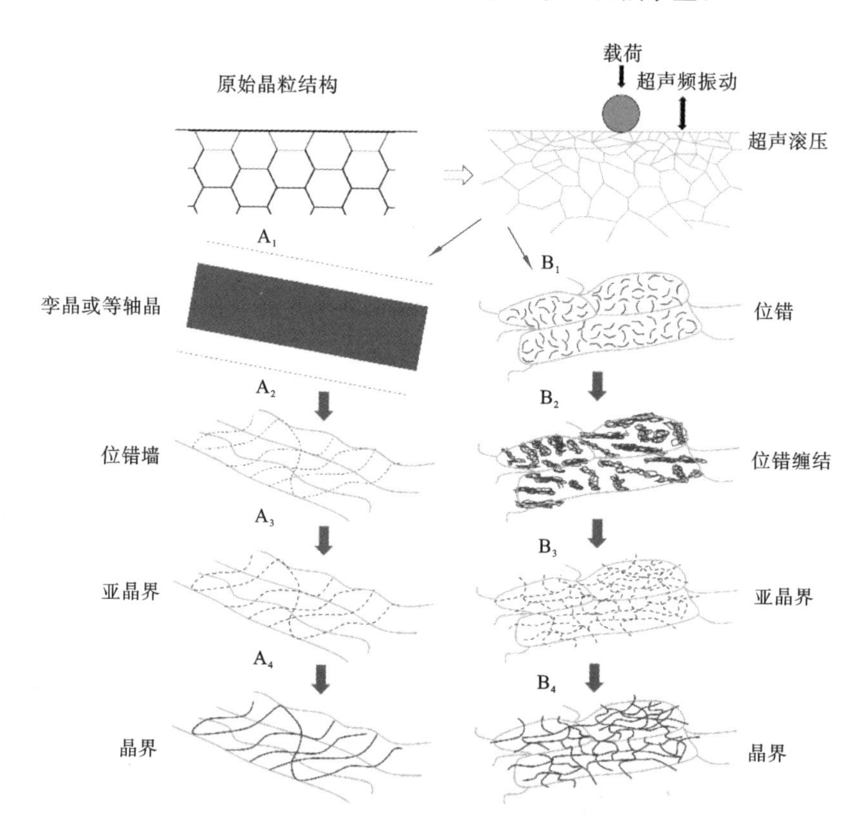


**图 1-5 超声滚压强化表面梯度纳米结构及强化机制**

在应变作用下，晶粒内部产生大量位错，位错在滑移过程中相互缠结集聚到一起，当位错运动到晶界处时，由于晶界的阻挡，大量位错塞积在晶界附近($B_1$)。随着加工的进行，晶粒内部的位错塞积更加频繁地发生，并通过不断的交互作用、湮灭和重组逐渐生成位错墙(dislocation walls，DWs)和位错缠结(dislocation tangles，DTs)($B_2$)，表层的原始晶粒被 DWs 和 DTs 分割成更小的位错胞。工具头的接续冲击可以持续提供塑性应变能，随着塑性应变不断增加，位错密度不断增大，高密度位错在DWs和DTs附近集中，晶粒内部的能量逐渐提高，致使晶粒处于亚稳定状态。为了降低系统能量，增殖的位错在DWs和DTs附近通过湮灭和重组的方式使DWs和DTs转变为更低能量的小角度亚晶界（$B_3$），原始晶粒被分割成细小的亚晶结构。但是，在DWs和DTs附近的应力集中会阻碍位错进一步运动，导致进一步的塑性变形变得困难。此时，高堆垛层错能促使孪晶在有利取向的晶粒内出现（$B_2 \rightarrow A_1$），协调塑性变形进一步进行。

塑性应变的增加导致位错继续增殖，小角度亚晶界附近的位错不断地产生和湮灭，使得亚晶界两侧的取向差增大，逐渐转变为大角度晶界（$A_4$，$B_4$）。晶粒取向差增大的主要因素有两个：① 晶界附近有大量不同的Burgers矢量位错塞积；② 相邻晶粒发生相对转动或晶界滑动。上述过程在亚晶和晶粒内部延续，直至位错增殖与湮灭、重组处于平衡时，晶粒细化程度趋于稳定，最终形成取向随机的纳米晶。

经过表面超声滚压强化后，材料表面发生了强烈的塑性变形，晶粒尺寸、显微硬度及残余压应力的分布规律从表层至粗晶基体中心也呈现出梯度变化趋势。处理后的材料表面完整性的改善主要在于消除了微观缺陷，产生了梯度纳米细晶和加工硬化效果，具备了更深的残余应力影响层，这些方面的综合作用提升了材料的抗疲劳性能和摩擦学性能。因此，材料在实际应用中满足性能指标的同时，选择合理的超声滚压参数进行组织协同调控，能够让材料的整体性能更均衡。

### 1.4.2 超声滚压的特点

超声滚压是一种表面精密加工工艺，近年来众多学者对超声深滚机理进行了不断的研究，发现了相关的诸多特性，并根据这些特性将此工艺应用到了不同的领域。

（1）提高材料的使用性能和使用寿命。经过超声滚压强化的零件在滚珠剧烈的振动下，材料发生塑性变形产生加工硬化，同时引入高幅值、大深度的残余应力，使材料的硬度和强度大幅提高，能够阻碍疲劳裂纹的萌生与扩展，进而提高零件的疲劳强度。

（2）显著消除机加工痕迹。超声振动使得超声滚压类似于“无摩擦”滚压，在加工过程中不会对材料表面造成划伤或产生表面切应力，同时还能显著降低材料的表面粗糙度。而表面粗糙度对材料的耐磨性、抗腐蚀性、疲劳强度等有较大影响，是影响零件性能的一项重要指标。超声滚压能消除加工痕迹，降低材料的表面粗糙度，这对材料的抗疲劳性能十分有益。

(3) 提高材料的力学性能。超声滚压通过超声波输出能量，通过变幅杆来传递能量，使得表面晶体细化，力学性能提高。与其他的表面强化技术相比，超声滚压拥有更多的优势：一方面可以不受材料的导电性影响，另一方面也可以加工各种切削性能较差的材料。

超声滚压由于其设备结构简单、操作方便，可以快速加工各种复杂的轮廓，并且不会引起材料表面的物理化学反应，能引入对材料组织有益的残余压应力，改善材料的抗疲劳性能，因此近些年来逐渐被广泛应用。从普通合金材料的强化加工到材料表面的纳米化，从医学领域到材料表面涂层的强化领域，总之超声滚压因良好的特性而在实际应用中得到了重视。

## 1.5 复合超声滚压

随着超声滚压技术的不断发展，其应用范围从最初的金属材料拓展到了复合材料、涂层材料，甚至从传统机械领域应用到了生物医学、军工航天、石油工程等领域。这种发展趋势对工程零部件材料的表面性能指标提出了更高的要求，结合常规超声滚压加工的特有优势，辅助施加外界可控的物理场作用于材料表面，通过其他工艺处理技术与超声滚压技术的耦合，使得超声滚压辅助表面强化复合加工技术能够更好地实现对材料的后处理，并由此衍生出多种超声滚压辅助强化工艺，为材料表面后处理技术在工程实践中的应用与发展提供新的方向。研究超声滚压与其他表面强化工艺(高温、重熔、电脉冲物理场施加及其他辅助工艺)耦合后的协同作用，对提高材料表面的抗腐蚀和耐磨性等方面具有积极作用。

# 第 2 章　高温超声深滚对喷涂金属陶瓷涂层组织形貌的影响

## 2.1 引　　言

等离子喷涂喷射速度快，热源温度高，能喷涂几乎所有喷涂材料，常用于喷涂 Ni/WC 金属陶瓷涂层。等离子喷涂金属陶瓷涂层兼具陶瓷高硬度、高耐磨性和金属塑性好等优点，广泛用于提升零部件表面的耐磨性。但由于等离子喷涂工艺特性，喷涂好的涂层存在一些不可避免的缺陷：涂层为层状堆叠结构；涂层内部存在孔隙、气孔、裂纹和氧化物夹杂；涂层与基体结合强度较低；等等。这些缺陷弱化了金属陶瓷涂层的性能，在高速、重载等工况下，涂层容易出现脆性断裂，甚至剥落，限制了 Ni/WC 涂层的服役工况和服役寿命，所以需要对其进行适当后处理以提高涂层的组织结构和性能。

超声滚压是一种近年发展起来的表面强化技术，相比机械研磨、喷丸、超声冲击在实现梯度纳米结构和增大强化层深度方面具有明显优势，已用于改善涂层组织结构和表面性能。超声滚压强化效果主要取决于被加工的材料，高硬度、低延展性的材料在超声深滚（ultrasonic deep rolling，UDR）处理过程中需要较大的静载荷才能产生理想的塑性变形，且容易引起过度加工硬化和不良的光整效果。温塑性成形为超声滚压强化 Ni/WC 涂层提供了可能。本书根据温塑性成形原理，结合超声滚压技术与热处理技术，形成一种新的等离子喷涂 Ni/WC 金属陶瓷涂层后处理工艺，改善了等离子喷涂 Ni/WC 涂层的组织结构，提升了其综合性能。本章主要对高温超声深滚 Ni/WC 涂层的表面形貌、微观组织结构、物相变化和强化机理进行研究。

## 2.2　Ni/WC 涂层的组织形貌

图 2-1 为 Ni/WC 涂层的组织形貌与能谱分析。等离子喷涂 Ni/WC 涂层的原始表面形貌如图 2-1(a)所示，Ni60＋15WC 涂层表面凹凸不平，局部存在一些大小不一的未熔颗粒。Ni/WC 粉末在喷涂过程中被等离子焰流加热至熔融或半熔融状态，经等离子焰流加速后，高速喷射至 45 钢基体表面，在基体表面铺展变形并快速冷却凝固，沉积成一定厚度的涂层。熔融和半熔融状态的 Ni/WC 粒子撞向基体，在基体表面变形展开，但由于粒子之间搭接不完全，在凝固时未能熔融在一起，导致粒子之间存在孔隙和夹杂，使得涂层组织疏松。

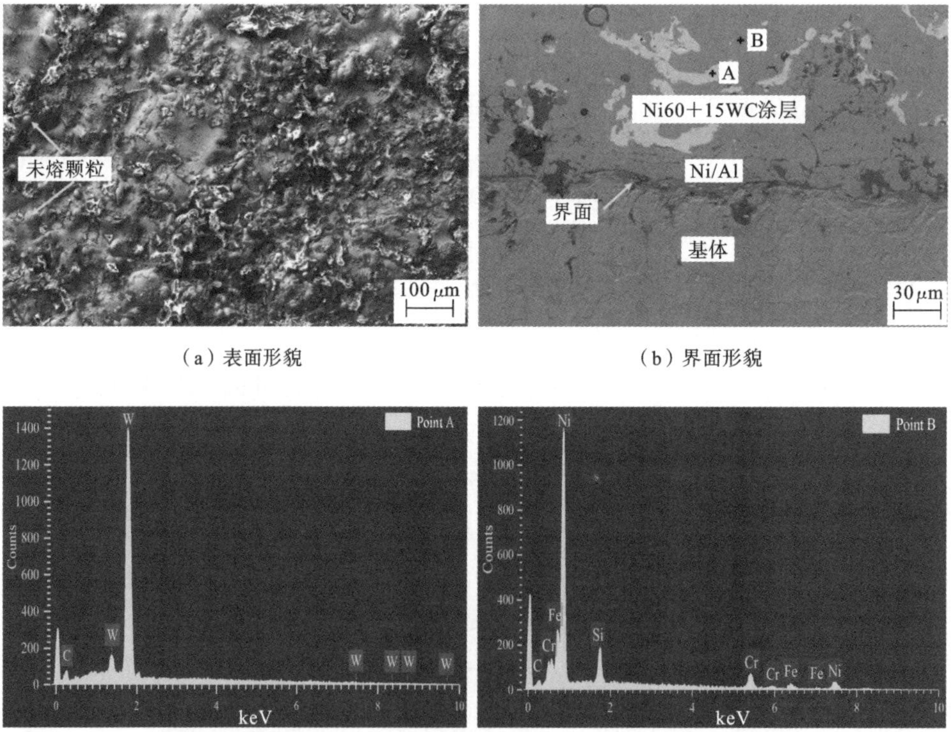

(a) 表面形貌

(b) 界面形貌

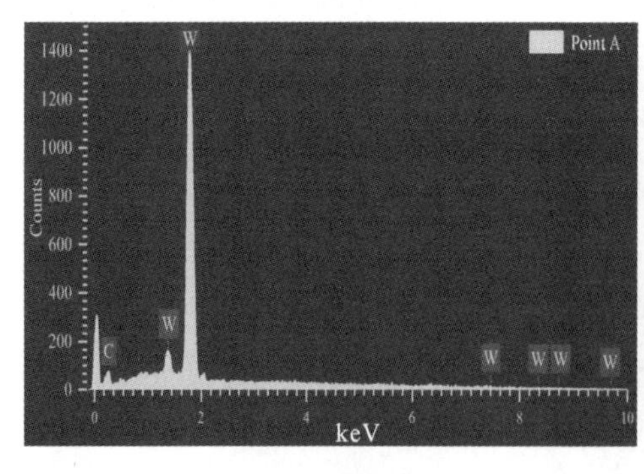


(c) A点能谱分析

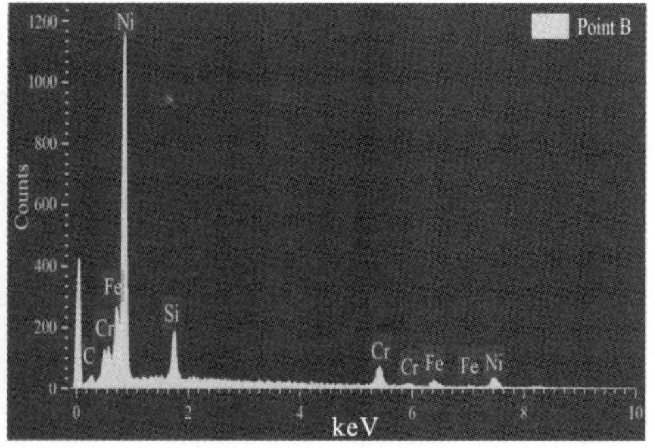


(d) B点能谱分析

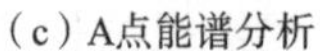

**图 2-1　Ni/WC 涂层的组织形貌与能谱分析**

此外，一些尺寸小、质量轻的颗粒未能获得足够的飞行速度，未能完全变形展开就冷却凝固保持原有状态，喷涂最后一层粒子时后续热源不足，不能使未熔颗粒再熔化，所以喷涂好的 Ni/WC 涂层表面凹凸不平，存在一些未熔的细小颗粒。这些表层的未熔颗粒会使涂层之间搭接不完全，内部产生孔隙，可通过磨削或研磨去除，以保证涂层质量。

图 2-1(b)为 Ni60+15WC 涂层与基体界面结合处的截面形貌，自上而下可分为 Ni/WC 工作层、Ni/Al 黏结层和 45 钢基体。Ni/WC 工作层和 Ni/Al 黏结层结合紧密且较为致密，涂层与基体之间有明显的分界面，涂层底部粒子与粗化后凹凸不平的基体表面相互嵌合在一起，即 Ni/WC 涂层与 45 钢基体的结合方式为机械结合。Ni/WC 涂层由未熔的不规则灰白色组织和浅灰色组织组成。

图 2-1(c)、(d)为 A 点和 B 点的 EDS(能谱仪)元素分析结果，A 点处的灰白色组织成分只有 W 元素和 C 元素，表明其为未熔融的 WC 颗粒，WC 颗粒熔点高，尚未熔化时被已经熔化的镍基合金粉末包裹形成涂层。B 点处的浅灰色组织元素成分基本为 Ni 基合金粉末元素成分。

## 2.3　高温超声深滚 Ni/WC 涂层的表面形貌

图 2-2 是未滚压与超声深滚 Ni60+15WC 涂层的表面形貌。因超声滚压工具头对被处理试件表面的粗糙度有一定的要求，为了保护滚压工具头，对 Ni/WC 涂层进行磨削处理使其更加平整，磨削后的表面形貌如图 2-2(a)所示。

等离子喷涂 Ni/WC 涂层经磨削处理后表面形貌有所改善，表面虽然相比于原始表面形貌更加平整，但其表面存在明显的磨削加工痕迹，有较多微小的磨削槽和部分未被磨削的凹陷。超声深滚通过工具头将静压力和超声频振动传递至 Ni/WC 涂层表面，产生的冲击挤压作用使涂层表面产生塑性流动，将涂层表面的微观波峰碾平并填充至微观波谷，达到“削峰填谷”的效果，使涂层表面更加平整。此外，超声滚压产生的塑性变形也有助于修复涂层表面的微观缺陷。图 2-2(b)为常温超声深滚后 Ni/WC 涂层的表面形貌，图(b)中的框选区域经常温超声深滚处理后，Ni/WC 涂层表面形貌有所改善，表面的磨削痕迹和凹陷减少，但常温滚压后涂层表面出现裂纹(见图 2-2(d))。

常温超声深滚后涂层表面出现了裂纹，经初步分析，这是由于 Ni/WC 涂层硬度高、脆性大、延展性低，在工具头的反复冲击下造成涂层表面完整性破坏，导致涂层表面被冲击破碎，产生了裂纹。这些裂纹对 Ni/WC 涂层的耐磨性会造成不良影响，在摩擦磨损过程中可能会导致涂层出现片状剥落。

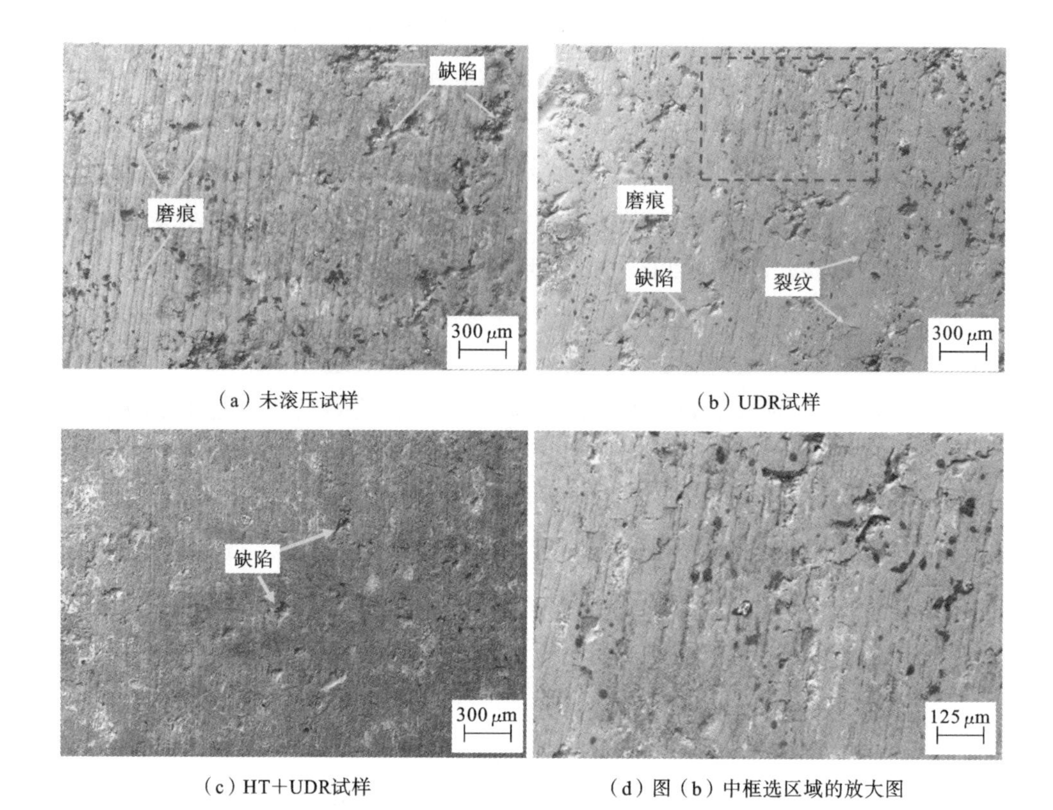


（a）未滚压试样　　（b）UDR试样

（c）HT+UDR试样　　（d）图（b）中框选区域的放大图

**图 2-2　未滚压与超声深滚 Ni60＋15WC 涂层的表面形貌**

图 2-2(c)为高温(HT)超声深滚后涂层的表面形貌 SEM 图，相比于常温滚压涂层表面，高温超声深滚强化后涂层的表面形貌改善更为明显，表面更加光洁平整，残留的磨削痕迹和凹陷等缺陷更少，且在表面没有发现裂纹。这主要归因于超声滚压过程中高温环境软化了 Ni/WC 涂层，降低了其塑性变形抗力。在相同工艺参数下，涂层表面材料能产生更大的塑性变形，因此涂层表面经高温超声深滚后更加光滑平整。

## 2.4　高温超声深滚 Ni/WC 涂层的截面形貌

图 2-3 为未滚压和超声深滚 Ni60＋15WC 涂层的截面形貌。未滚压的等离子喷涂 Ni/WC 涂层呈典型的层状堆积结构，组织疏松，由于熔融程度不同的粒子间未能完全相熔，以及粒子之间搭接不完全，涂层内部存在较多的孔隙、气孔和微裂

纹等缺陷，如图 2-3(a)所示。这些缺陷导致 Ni60＋15WC 涂层难以在高温、高速和重载荷等恶劣环境下服役，需要通过后处理改善其组织结构，提升其综合性能。常温超声滚压后的涂层更加致密，但涂层内部仍有孔隙和裂纹存在，Ni/WC 涂层表层存在因超声滚压冲击造成的裂纹损伤——叠形缺陷，如图 2-3(d)所示，这类缺陷在相关的超声技术研究中已有报道。

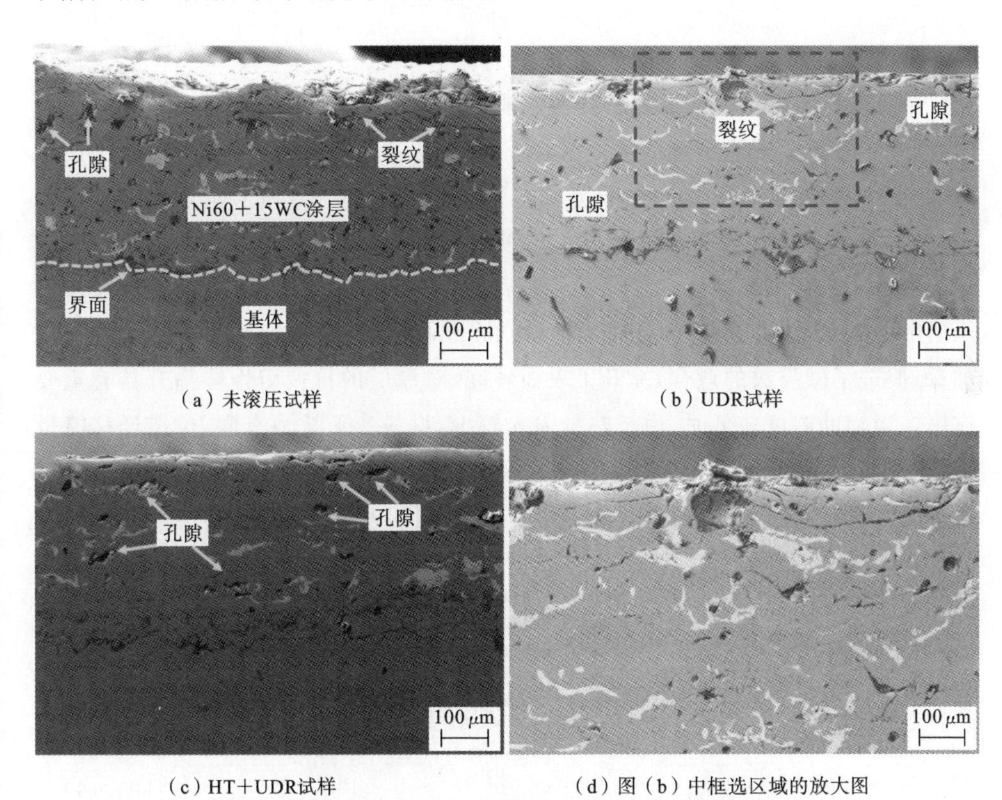


(a) 未滚压试样　(b) UDR试样

(c) HT＋UDR试样　(d) 图 (b) 中框选区域的放大图

**图 2-3　未滚压与超声深滚 Ni60＋15WC 涂层的截面形貌**

经高温超声深滚处理后，Ni/WC 涂层组织有不同程度的改善，涂层表层和亚表层的裂纹愈合，微孔隙和微裂纹明显减少，组织更加致密。高温超声深滚处理后 Ni/WC 涂层的层状堆叠结构消除，涂层内部大部分的孔隙、气孔和裂纹被修复，但还是有小部分孔隙和气孔等缺陷残留在涂层底部。

在高温超声深滚过程中，Ni/WC 涂层表层产生强烈塑性变形，超声滚压产生的能量由表层沿厚度方向递减，产生的塑性变形量逐渐减小。与其他机械表面强化技术类似，超声滚压的加工原理是使材料表面产生剧烈塑性变形。超声滚压过程引入高温加热的温度场，可以软化涂层，促进涂层在超声滚压过程中的塑性流动，在静载荷和超声频率动态冲击联合的持续作用下，经加热软化后的涂层产生塑性流变，被挤压、填充进孔隙和裂纹中。因此，经高温辅助超声滚压处理后涂层更为致密。

## 2.5 高温超声深滚 Ni/WC 涂层的物相

图 2-4 为等离子喷涂磨削态和加热辅助超声滚压前后涂层的 XRD(X 射线衍射)图谱。等离子喷涂磨削涂层内部除 γ-Ni 固溶体、[Fe, Ni]、WC、Fe-Cr、Ni-Cr-Fe 成分外，还存在少量由 C、Fe、Cr 反应生成的 $C_{0.055}Fe_{1.945}$ 和未能分解的 WC 陶瓷颗粒，常温超声滚压不会发生物相的演变过程，加热辅助超声滚压由于超声滚压的"声塑效应"和摩擦生热作用而生成部分新的相($Cr_{1.36}Fe_{0.52}$、$Cr_7C_3$)，超声滚压后的晶粒尺寸得到细化，形成了梯度纳米结构层，其残余应力影响深度进一步加深，促进了微裂纹的愈合，提升了表面硬度，对涂层的抗疲劳性能提升具有重要作用。当辅助温度较低时，由于热量输入较少，材料变形抗力有限，位错迁移能量高，超声振动的"声塑效应"对涂层梯度内的作用有限，部分热量不足以增强超声振动的"声塑效应"，涂层至基体范围内的微观组织改善不明显，其塑性变形层深

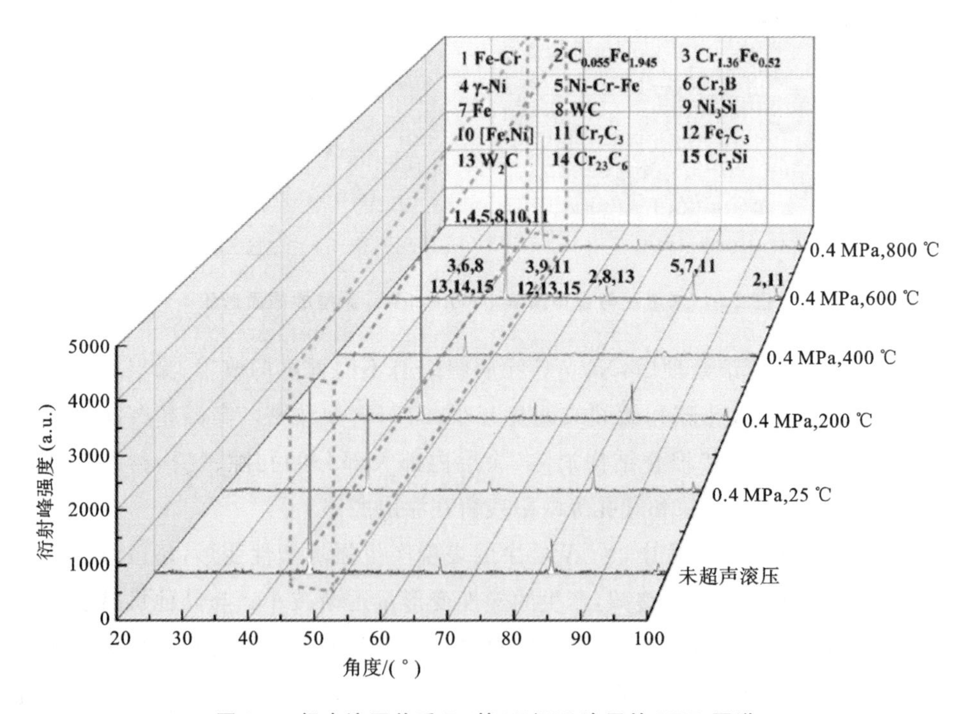


**图 2-4 超声滚压前后 Fe 基 Ni/WC 涂层的 XRD 图谱**

度较浅，硬质相化合物、孔隙组织、杂质等都没有得到较好的演变。

当加热温度足够高时，经超声能量激励后的作用力与静压力叠加的耦合应力波快速传播，温度场热效应和超声振动效应促进了应力扩散，使得超声滚压后的试样表面具有较深的表面硬化层，超声振动的"声塑效应"得到了增强，同时保障了涂层界面处的组织致密性和结合强度。经 0.4 MPa、600 ℃高温辅助超声滚压后"声塑效应"和摩擦生热作用进一步加强，涂层出现了 $Cr_{23}C_6$、$W_2C$、WC、$Ni_3Si$、$Cr_2B$、$Cr_3Si$、$Fe_7C_3$ 等物相，它们构成了硬质相和非硬质相体系，提升了材料的显微硬度和抗疲劳性能。

温度过高(800 ℃)，会降低原子表面活化能和减弱超声振动引起的"声塑效应"，不利于涂层内部物相演变和微观缺陷的改善，也使得残余应力进一步释放。辅助温度是超声滚压涂层性能提升的影响因素，在实际选择时需综合调控。

为更好地分析加热温度对晶粒细化的作用效果，对第一主衍射峰(43.5°～45.5°)的宽化情况进行局部放大，得到如图 2-5 所示的 0.4 MPa、200～800 ℃下高温辅助超声滚压后处理的各第一主强峰宽化及峰高局部现象曲线图，从图中可发现温度升高，第一半峰高变宽，晶粒尺寸变小，温度与峰高呈现出不太明显的线性相关规律。400 ℃时，第一主强峰左移，相比于 200 ℃时，400 ℃、600 ℃、800 ℃下的第一主强峰依次右移，而第一半峰高呈现先显著下降再逐步增大的规律，最大仍不超过 200 ℃时的第一半峰高，在 400～800 ℃变化过程中第一半峰高与加热温度呈线性增加关系，在 400 ℃后动态再结晶度有所提高。

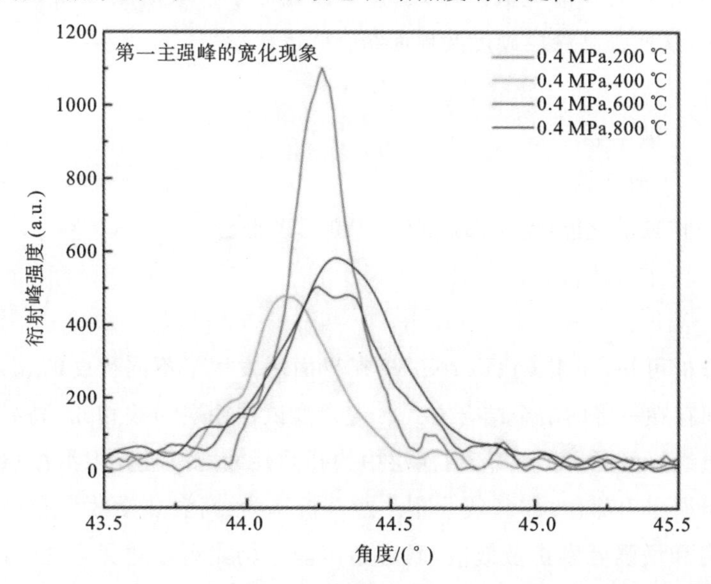


**图 2-5**　0.4 MPa，200～800 ℃**下的各第一主强峰宽化及峰高局部现象曲线图**

分析认为材料衍射峰的宽化、偏移和强度变化的原因主要有：高温辅助超声滚压过程中材料受到超声冲击能量场、滚挤压耦合力场、高温加热及摩擦生热温度场联合作用，促进材料位错密度增加，更易发生塑性变形，产生明显的加工硬化和晶粒细化，形成梯度分布的残余压应力场，同时高温会导致材料热松弛，且分布不均的温度也会导致晶格畸变和溶质元素置换，温度过高时材料内部缺陷的数量增加，内部存在部分“微观应变”。

## 2.6 界面元素分析

针对不同元素含量变化的过程，结合元素扩散机制说明界面元素分布规律，分析元素含量富集、扩散对涂层组织性能的影响。结合图 2-6 所示的线扫描结果可知，Cr、Fe 元素的含量由基体至涂层逐渐减少，说明 Cr 和 Fe 两种元素主要是从基体向滚压层扩散，Ni、Cr、Fe 元素在结合处存在一定的富集现象，B、Mn、C、W 元素的含量在滚压层中存在阶段性略微升高，由此推测 B、Mn、C、W 几种元素在高温辅助超声滚压动态载荷及声电耦合作用下使得材料发生位错滑移及晶粒细化。超声能量和热效应（辅助温度热效应及滚压接触摩擦生热联合作用）影响位错与元素扩散，根据微观扩散机制中的公式(2-1)可知：扩散系数 $D$ 与温度 $T$ 呈线性关系，原子从高浓度处扩散至低浓度处，在界面处原子扩散活跃，有利于 Ni、Cr、Fe 元素的富集，从而提高涂层硬度及界面结合强度。

$$D=D_0 \cdot e^{-\frac{Q}{RT}} \tag{2-1}$$

式中：$D$——扩散系数；

$D_0$——扩散常数；

$Q$——扩散活化能（空位形成能与空位迁移能之和）；

$R$——摩尔气体常数；

$T$——温度。

通过分析可知，元素 Cr、Fe、Ni、W 在界面区发生了不同程度的元素扩散，涂层与基体间存在一定的冶金结合方式。与常温试样涂层形貌相比，高温辅助超声滚压涂层组织界面元素扩散显著，涂层中的孔隙尺寸变小且孔隙沿涂层表层深度增加并趋于涂层中部、底部区域分布。经分析认为：高温热学效应有助于降低材料变形抗力和增强元素扩散效应，联合超声能量场能更好地促进位错滑移、缠结的发生及梯度纳米结构层的形成，有利于涂层元素扩散和原有涂层中的残余空气

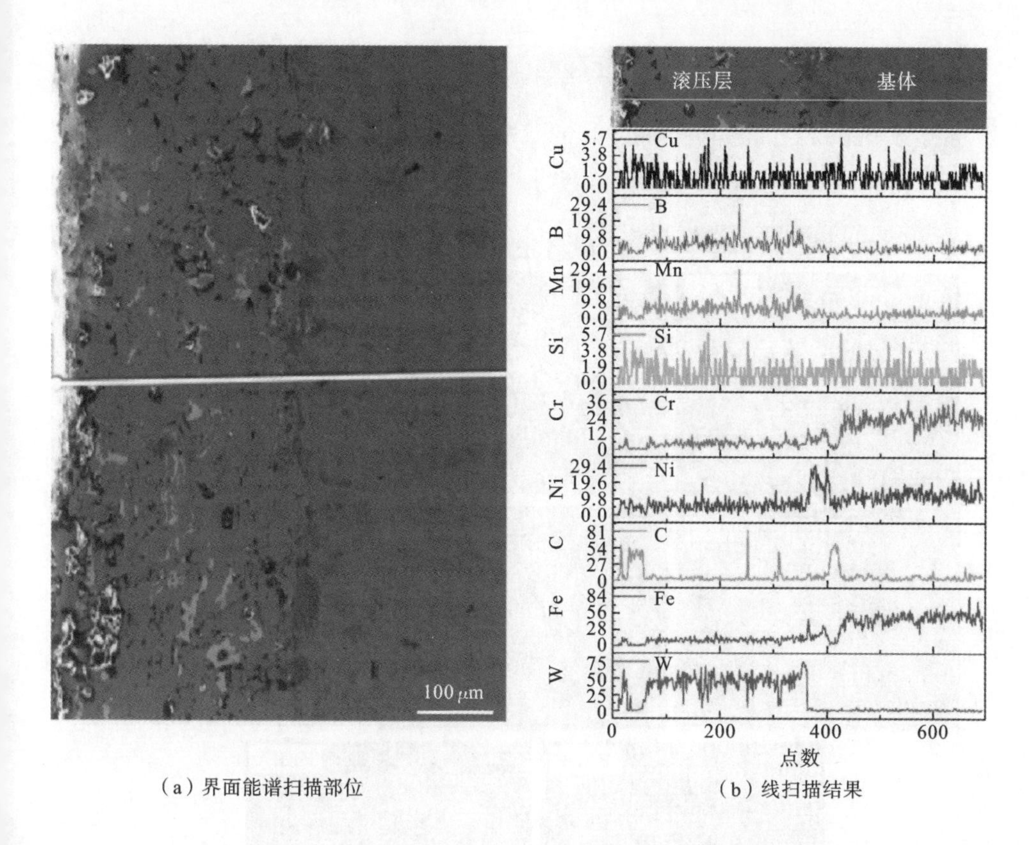


（a）界面能谱扫描部位　　（b）线扫描结果

**图 2-6**　0.4 MPa，600 ℃**下的结合界面线扫描结果**

向外表面迁移，改善了涂层致密性、硬度、耐磨损等方面的性能。

图 2-7 为图 2-6 中线扫描部位的面扫描分析结果。由各元素面扫描能谱分析结果可知，涂层中的 Si、W、C、Ni 颜色较亮，说明其含量较高；基体中的 Fe、Mn、Cr 颜色较亮，说明其含量较高；基体、涂层界面处的 Cu、B 颜色亮度不明显，说明其在界面处富集不明显。

分析发现，面扫描结果与线扫描结果基本一致，元素 Si、W、Ni、Fe、Mn、Cr 发生了一定的扩散，在界面处存在元素 C、W、Cr、Mn 的富集现象，这与物相分析中高温辅助超声滚压后生成的软＋硬质相对应，进一步证实了能谱扫描中元素的扩散伴随着新相的形成（Si、W、Ni、Fe、Mn、Cr 等软＋硬质相）和元素的富集，晶界面积随着晶粒的细化而增大，为晶界扩散创造了条件，增强了元素扩散的活性，有利于碳化物和固溶体生成，达到弥散强化和固溶强化的作用，进而提升了涂层的硬度和摩擦学性能。

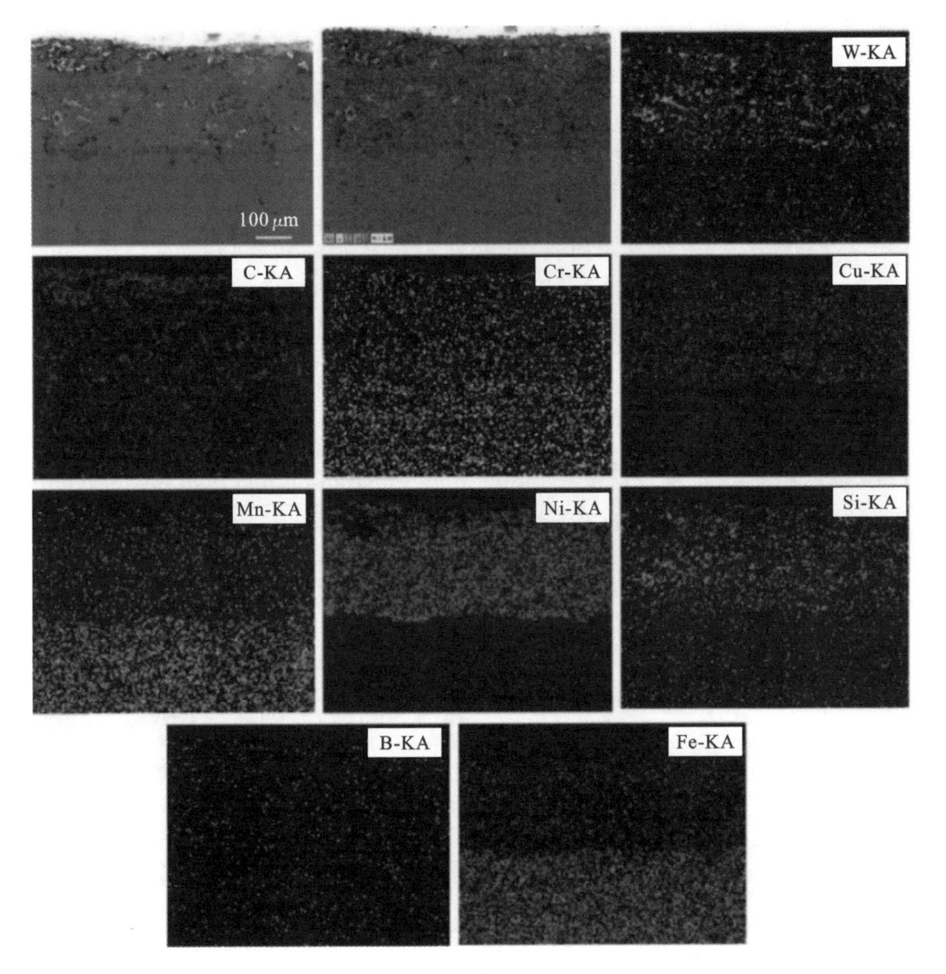


图 2-7 0.4 MPa,600 ℃下的面扫描分析结果

## 2.7 本章小结

(1) 等离子喷涂后的 Ni/WC 涂层表面凹凸不平,经磨削处理后,表面残留明显的磨削痕迹和凹陷。常温超声深滚后涂层的表面形貌有所改善,但涂层表面出现裂纹。高温超声深滚的“削峰填谷”效果最好,修复了涂层表面的部分磨削痕迹和缺陷,表面更加平整光洁。

(2) Ni/WC 涂层呈层状结构,内部存在较多孔隙、裂纹等缺陷,常温超声深滚后的涂层表层存在因超声滚压冲击造成的裂纹损伤。经高温超声深滚处理后,涂层表层和亚表层的裂纹愈合，内部孔隙和裂纹明显减少，组织更加致密。

(3) 未滚压和常温超声深滚 Ni/WC 涂层界面处未发生元素扩散，涂层与基体在界面处的结合方式为机械结合；高温超声深滚涂层界面处发生了元素扩散，涂层中的 Fe 元素和 Cr 元素向基体扩散，涂层与基体在界面处形成冶金结合。

(4) 不同温度下，超声滚压后的微观应变及晶粒细化存在差异性规律。等离子喷涂磨削涂层内部除 γ-Ni 固溶体、[Fe, Ni]、WC、Fe-Cr、Ni-Cr-Fe 成分外，还存在少量由 C、Fe、Cr 反应生成的 $C_{0.055}Fe_{1.945}$ 和未能分解的 WC 陶瓷颗粒，常温超声滚压不会发生物相的演变过程。在 400～800 ℃变化过程中，第一半峰高与加热温度呈线性关系，在 400 ℃后动态再结晶度有所提高。

# 第3章　基于响应曲面法的高温超声深滚Ni/WC涂层孔隙率工艺择优

## 3.1　引　　言

等离子喷涂的涂层通常存在叠合层状结构、孔隙率较高、化学成分分布不均匀、存在微细裂纹及残余应力等。涂层存在较多孔隙，对提高材料的强度、硬度、耐腐蚀性等性能是不利的，但拥有致密结构的涂层材料内部一般孔隙率较低，其材料强度和硬度也较高，耐磨性较好。因此，有必要通过调控高温辅助超声滚压表面强化后处理工艺参数对涂层孔隙率进行改善。

本章依据响应曲面法设计了高温辅助超声滚压工艺参数（滚压温度 $T$、静压力 $F$、下压量 $H$）下的响应值（改性涂层孔隙率 $Y$）的试验方案，采用 ImageJ2x 软件测定处理后的涂层孔隙率，建立了高温辅助超声滚压工艺参数与涂层孔隙率之间的回归方程，分析了高温辅助超声滚压涂层后处理工艺参数中单因子及交互因子的显著性，探讨了涂层孔隙率与交互因子的复合作用，并得出孔隙率的极小值范围，然后根据响应值优化和试验情况确定最优工艺参数。

## 3.2　响应曲面法介绍

响应曲面法（RSM）是20世纪90年代初兴起于西方的一种试验设计与数据统计分析方法，该方法采用一次或二次多项式拟合出不同试验因素与响应值之间的数学表达关系式，根据响应曲面等值线的分析得到最优工艺参数及预测最优响应值，可用来解决多变量问题。在回归分析中，与响应因素（$x_1, x_2, \cdots, x_l$）一一对应的是响应值($y_1,y_2,\cdots,y_l$),在考虑响应值误差项 $\varepsilon$ 的情况下,响应值 $y$ 与响应因素 $x$ 之间的数学模型为

$$y=f(x_1,x_2,\cdots,x_l)+\varepsilon \tag{3-1}$$

当响应值与响应因素之间呈线性函数关系时,响应值为一阶函数模型:

$$y=\beta_0+\beta_1 x_1+\beta_2 x_2+\cdots+\beta_l x_l+\varepsilon \tag{3-2}$$

当响应值与响应因素之间呈非线性函数关系时,响应值为二阶或高阶函数模型:

$$y=\beta_0+\sum_{i=1}^{n}\beta_i x_i+\sum_{i=1}^{n}\sum_{j=1,i<j}^{n}\beta_{ij}x_i x_j+\sum_{i=1}^{n}\beta_{ii}x_i^2+\varepsilon \tag{3-3}$$

式中:$x_1,x_2,\cdots,x_l,x_i,x_j$——自变量(即响应因素);

$y$——因变量(即响应值);

$\beta_0$——常数项;

$\beta_i$——线性项系数;

$\beta_{ij}$——交互作用项系数;

$\beta_{ii}$——$x_i$ 的二次项系数;

$\varepsilon$——随机误差项。

下面对响应曲面法的分类、特点及流程进行介绍。

**1. 中心复合设计(central composite design, CCD)**

CCD 是 2 水平全因素和部分试验设计的拓展,在 2 水平试验中增加一个设计点,对响应值与响应因素之间的非线性关系进行评估,常用于响应值与响应因素间有非线性关系的试验。

CCD 特点:

(1) 响应因素一般为 2～6 个,样本数量为 14～90 时进行一次试验。

(2) 用来评估响应因素的非线性影响,当非线性影响具有确定性时,试验可一次完成。

(3) 使用时,一般按三个步骤进行试验。先进行 2 水平全因素或部分试验设计;再加上中心点进行非线性测试;非线性影响显著时,加上轴向点补充试验。

**2. Box-Behnken 试验设计**

Box-Behnken 试验设计假定存在二次项,是一种可以评价响应指标和响应因素之间的非线性关系的试验设计方法。

Box-Behnken 特点:

(1) 在响应因素相同时,相比于 CCD,试验次数更少。

(2) 试验并非都是高水平的组合,适用于有特别要求的试验。

(3) 具有近似旋转性,没有序贯性。

响应曲面法的流程如图 3-1 所示,其中模型拟合过程包括:① 进行模型拟合并检查拟合情况;② 检查模型显著性、拟合度。模型诊断过程包括:① 计算拟合模型的残差和预测值;② 残差正态性检验、异方差检验及响应模型分析。

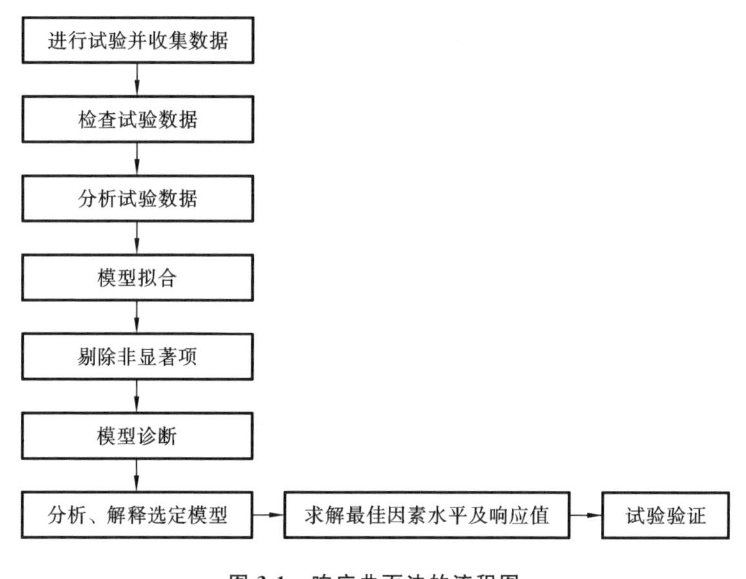


图 3-1　响应曲面法的流程图

## 3.3　试验设计与数据处理

本试验中涂层孔隙率与高温辅助超声滚压工艺参数的选取有关,采用 Box-Behnken 设计了不同工艺参数(滚压温度 $T$、静压力 $F$、下压量 $H$)下的孔隙率 $Y$(响应值)的试验方案,通过 Minitab 实验设计与数据分析软件先设计了 3 因素 3 水平的响应曲面试验方案(见表 3-1),该方案减少了试验次数,节省了试验时间和成本,然后采用 ImageJ2x 软件计算涂层孔隙率,有关测定方法已在前述章节有所描述,此处不再重复说明。

表 3-1　响应曲面法 3 因素 3 水平表

| 编码值及水平 | 滚压温度 $T$/℃ | 静压力 $F$/MPa | 下压量 $H$/mm |
| --- | --- | --- | --- |
| −1 | 400 | 0.3 | 0.1 |
| 0 | 600 | 0.4 | 0.2 |
| 1 | 800 | 0.5 | 0.3 |

### 3.3.1　孔隙率响应方程的建立

通过测定孔隙率数值，获取响应值数据，得到响应曲面试验设计的矩阵及试验结果，见表 3-2。根据多模型分析的结果可知，当模型为二阶时，模型系数 $R^2$ 的调整值与预测值最大。因此，选用二阶非线性函数建立模型，模型的 P 值小且 F 值较大，拟合效果好。

表 3-2　响应曲面试验设计矩阵及试验结果

| 序号 | 滚压温度 $T$/℃ | 静压力 $F$/MPa | 下压量 $H$/mm | 孔隙率 $Y$/(%) |
| --- | --- | --- | --- | --- |
| 1 | 600 | 0.4 | 0.2 | 1.84 |
| 2 | 600 | 0.3 | 0.3 | 3.16 |
| 3 | 600 | 0.5 | 0.1 | 3.33 |
| 4 | 400 | 0.3 | 0.2 | 3.45 |
| 5 | 400 | 0.4 | 0.3 | 3.86 |
| 6 | 600 | 0.4 | 0.2 | 1.88 |
| 7 | 800 | 0.4 | 0.3 | 3.87 |
| 8 | 400 | 0.5 | 0.2 | 4.30 |
| 9 | 800 | 0.3 | 0.2 | 4.52 |
| 10 | 600 | 0.4 | 0.2 | 1.82 |
| 11 | 600 | 0.5 | 0.3 | 3.96 |
| 12 | 800 | 0.4 | 0.1 | 3.68 |
| 13 | 800 | 0.5 | 0.2 | 4.24 |
| 14 | 600 | 0.3 | 0.1 | 3.94 |
| 15 | 400 | 0.4 | 0.1 | 3.18 |

得到不同工艺参数(滚压温度 $T$、静压力 $F$、下压量 $H$)与孔隙率 $Y$(响应值)之间的非线性高阶方程为

$$Y = 30.37 - 0.02706T - 87.18F - 35.27H + 0.000029T^2 + 111.8F^2 + 63.8H^2 - 0.01412T \cdot F - 0.00612T \cdot H + 35.75F \cdot H \tag{3-4}$$

## 3.3.2　孔隙率模型检验及显著性分析

为了进一步验证模型的可靠性,对 RSM 模型残差正态概率图与拟合值图(见图 3-2)进行了分析,明显看到数据点大致都分布在直线两侧,说明响应曲面法建立的高阶模型与试验情况相比,具有误差小和精度高的优点。残差与拟合值的误差也随机分布在直线两侧,由此可以认为该模型可用于高温辅助超声滚压表面强化工艺的参数优化,以得到优化的工艺方案。

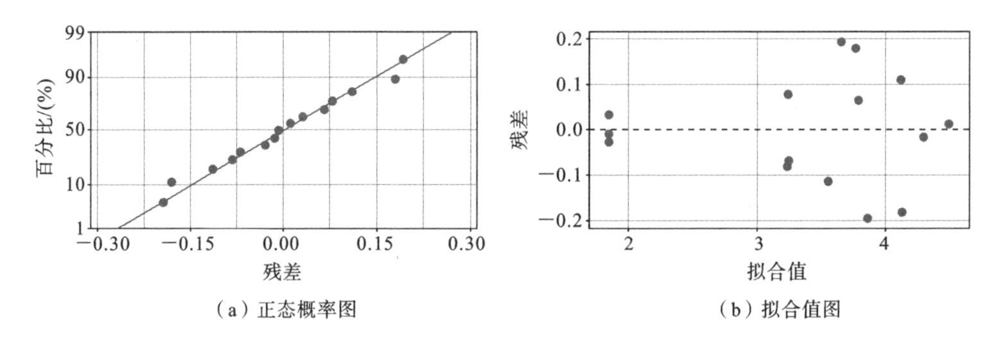


(a) 正态概率图　　(b) 拟合值图

**图 3-2　RSM 模型残差正态概率图与拟合值图**

孔隙率二阶回归模型的方差分析结果如表 3-3 所示,表中模型的 F 值为 32.67,模型的 P 值为 0.001。在响应曲面法分析中,通常认为模型的 P 值较小(P<0.05),F 值较大时,模型拟合度高,认为该试验单因素下的影响显著。同理,对于交互因子的影响显著性而言:P<0.05,影响显著;P<0.1,影响比较显著。因此,$T$、$H^2$、$T \cdot F$、$F \cdot H$ 为显著影响因子,$H$、$F$、$T^2$、$F^2$、$T \cdot H$ 为不显著影响因子,表明相关单因子和交互作用因子对高温辅助超声滚压后涂层孔隙率的演变具有一定影响。对比 F 值,得到单因子对涂层孔隙率影响的显著性高低顺序为:滚压温度>静压力>下压量,其中,滚压温度的 F 值最大,表明滚压温度对孔隙率的影响最显著;静压力的 F 值次之,表明静压力对孔隙率的影响减弱;下压量的 F 值最小,表明下压量对孔隙率的影响最弱。双因子交互作用对涂层孔隙率影响的显著性高低顺序为:$F \cdot H > T \cdot F > T \cdot H$,表明滚压温度与静压力的交互作用对

涂层孔隙率的影响最大，静压力与下压量的交互作用次之，滚压温度与下压量的交互作用最小。

表 3-3　孔隙率回归模型方差分析

| 来源 | 自由度 | AdjSS | AdjMS | F 值 | P 值 |
| --- | --- | --- | --- | --- | --- |
| 模型 | 9 | 11.0734 | 1.23038 | 32.67 | 0.001 |
| 线性 | 3 | 0.4185 | 0.13950 | 3.70 | 0.096 |
| $T$ | 1 | 0.2888 | 0.28880 | 7.67 | 0.039 |
| $F$ | 1 | 0.0684 | 0.06845 | 1.82 | 0.235 |
| $H$ | 1 | 0.0612 | 0.06125 | 1.63 | 0.258 |
| 平方 | 3 | 9.7644 | 3.25481 | 86.42 | 0.000 |
| $T^2$ | 1 | 4.9934 | 4.99339 | 132.58 | 0.000 |
| $F^2$ | 1 | 4.6144 | 4.61442 | 122.52 | 0.000 |
| $H^2$ | 1 | 1.5025 | 1.50254 | 39.89 | 0.001 |
| 双因子交互作用 | 3 | 0.8905 | 0.29683 | 7.88 | 0.024 |
| $T \cdot F$ | 1 | 0.3192 | 0.31923 | 8.48 | 0.033 |
| $T \cdot H$ | 1 | 0.0600 | 0.06002 | 1.59 | 0.262 |
| $F \cdot H$ | 1 | 0.5112 | 0.51123 | 13.57 | 0.014 |
| 误差 | 5 | 0.1883 | 0.03766 | | |
| 失拟 | 3 | 0.1864 | 0.06215 | 66.59 | 0.015 |
| 纯误差 | 2 | 0.0000 | 0.00000 | | |

### 3.3.3　影响孔隙率主要因素的交互影响分析

根据孔隙率回归模型方差结果(见表 3-3)和非线性高阶回归方程式(3-3)，合理控制试验变量，得到高温辅助超声滚压试验设计中交互因子对涂层孔隙率有交互作用的 3D 响应曲面图和等高线图(见图 3-3 至图 3-5)。

图 3-3 为滚压温度与静压力的交互作用对涂层孔隙率的影响。结合表 3-3 可知，当下压量一定时，滚压温度与静压力有一定的交互作用，随着滚压温度与静压力的积的增大，孔隙率基本呈现先减小后增大的变化规律。这是因为当超声滚压的下压量一定，滚压温度和静压力较小时，由于涂层材料的高硬度，超声滚压加工

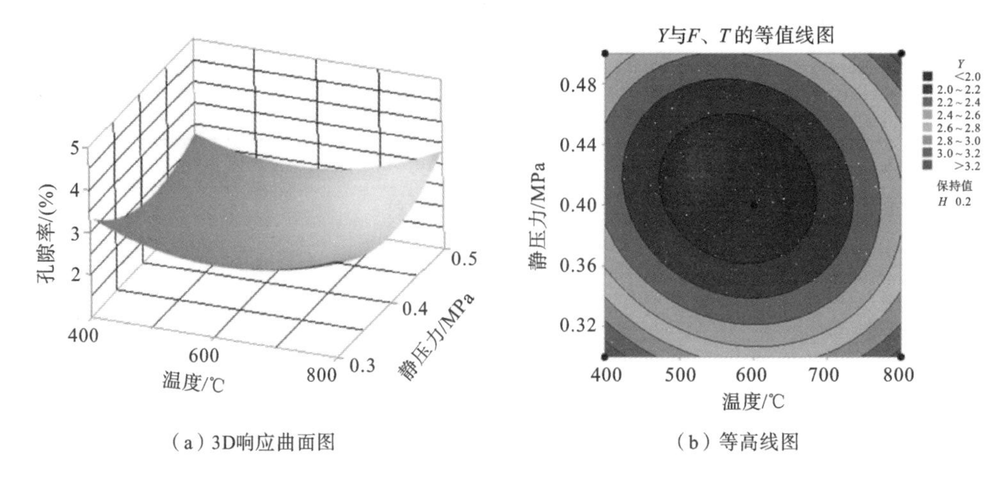


（a）3D响应曲面图　　（b）等高线图

**图 3-3　滚压温度 $T$ 与静压力 $F$ 对孔隙率 $Y$ 的交互影响**

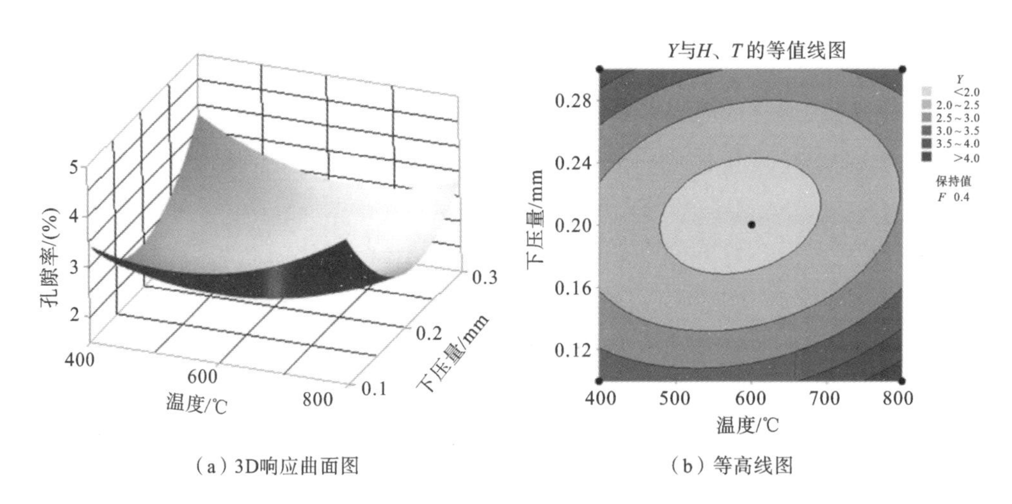


（a）3D响应曲面图　　（b）等高线图

**图 3-4　滚压温度 $T$ 与下压量 $H$ 对孔隙率 $Y$ 的交互影响**

时涂层的塑性变形较小，涂层内部发生位错滑移、扭曲、组织致密化的效果不明显，因此涂层孔隙率较高；随着滚压温度的升高，涂层的变形抗力降低，元素的扩散能力和超声振动的“声塑效应”增强，在塑性变形加剧的过程中为位错累积提供了机会，涂层的微观组织在滚压力与超声冲击力的耦合下更加致密化，这对涂层内部大孔隙缺陷的愈合或孔径缩减起到了积极作用。当静压力增大时，涂层的塑性变形量进一步加大，同时温度的升高也有利于静压力下的滚压变形，弥补单方面增加静压力导致的滚压面损伤问题，在适宜的温度场辅助下可以降低超声滚压力来实现试验组单因素的调控效果，因此对高温辅助超声滚压两种因素的复合作用进行综合考虑，不仅可以促使涂层发生更大的塑性变形，而且避免了单个参数

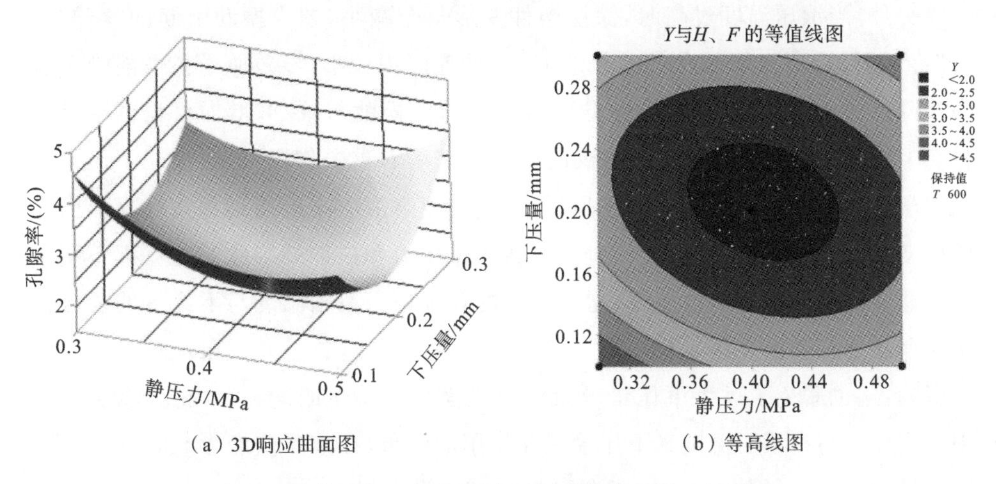

(a) 3D响应曲面图　　(b) 等高线图

**图 3-5　静压力 $F$ 与下压量 $H$ 对孔隙率 $Y$ 的交互影响**

过大或过小的极端化情况。

另外，滚压温度过高，可能会降低原子表面活化能和减弱超声振动引起的“声塑效应”，从而削减静压力增大对塑性变形的积极作用。当静压力过大时，超声滚压的局部塑性变形过于剧烈，涂层表层发生过度损伤，还产生了过大的剪切作用力和内部微裂纹。这些都不利于涂层微观组织的进一步改善，增大了涂层的孔隙率。因此，涂层孔隙率的变化是超声滚压温度和静压力交互作用的结果，在滚压温度为 520～680 ℃，静压力为 0.36～0.45 MPa 时，涂层孔隙率存在最小值。

图 3-4 所示为滚压温度与下压量的交互作用对涂层孔隙率的影响。结合表 3-3 可知，当静压力一定时，滚压温度与下压量有一定的交互作用，随着滚压温度与下压量的积的增大，孔隙率基本呈现先减小后增大的变化规律。这是因为超声滚压的静压力一定时，超声滚压加工的涂层表面在一定下压量下随车床主轴保持高速旋转，伴随着超声冲击力和静压力耦合作用，当滚压温度和下压量较小时，产生的塑性流动效果较差，导致涂层组织细化和孔隙消除的程度不够，此时涂层孔隙率较高；随着滚压温度的升高，材料内部固有缺陷对位错的“钉扎效应”减弱，能够降低涂层塑性变形过程累积位错滑移所需的作用力，同时温度热效应还有利于超声加工过程中应力波的传播，增强了高温辅助超声滚压的“声塑效应”，这些都有利于涂层组织孔隙的减小、闭合。当下压量增大时，涂层的塑性变形程度加剧，同时温度的升高也有助于涂层的组织流动和应力传递，因此受益于微观组织致密化、表面缺陷消除和残余压应力场形成等的综合作用，涂层的孔隙率变小，表面完整性更好。类似于静压力降低孔隙率的作用机制，下压量在一定程度上也是通过改变涂层塑性变形量来降低孔隙率的，只是两者的显著性可能存在差异。

另外，当滚压温度过高时，涂层塑性变形量会减小，超声振动引起的“声塑效应”会减弱，涂层组织细化的效果会变差，晶界面积较小，导致原子扩散能力会进一步降低。同时，过高的温度会导致残余应力的松弛与减小，增加材料再结晶的机会，残余压应力对抑制微细裂纹的萌生与扩展有重要作用，但会削减下压量增大对塑性变形的积极作用。当下压量过大时，超声滚压涂层的局部塑性变形引起的应变强化效果减弱，还产生了过大的剪切作用力和内部微裂纹。这些都不利于涂层微观组织的进一步改善，会增大涂层的孔隙率。滚压温度与下压量的复合作用说明在适宜的温度场辅助下适当降低下压量可以削弱过大下压量对表面质量的影响，这也避免了过大下压量导致涂层表面质量恶化的问题。因此，涂层孔隙率的变化是超声滚压温度和下压量交互作用的结果，在滚压温度为 520～680 ℃，下压量为 0.17～0.23 mm 时，涂层孔隙率存在最小值。

图 3-5 为静压力与下压量的交互作用对涂层孔隙率的影响。结合表 3-3 可知，当滚压温度一定时，静压力与下压量有一定的交互作用，随着静压力与下压量的积的增大，孔隙率基本呈现先减小后增大的变化规律。这是因为超声滚压的温度一定时，温度对材料软化、原子扩散能力和再结晶等方面的影响可以忽略不计，在超声冲击作用力、静压力、滚动方向作用力的影响下，当静压力和下压量较小时，超声滚压对涂层的形变强化作用有限，涂层因剪切作用力、静压力和超声能量传递的应力波形成的力场作用对组织结构改善和残余压应力深度的影响较小，涂层孔隙缺陷的演变不太容易发生，因此涂层孔隙率较高；随着静压力的增大，塑性变形加剧，为位错累积提供了机会，涂层组织在静压力与超声冲击力的耦合作用下变得更加致密，残余应力层的影响深度更大，避免了裂纹和微观组织缺陷的进一步扩大。同时，残余应力及滚挤压作用力引发的剪切机制使得涂层孔隙缺陷减少。当下压量增大时，涂层的塑性变形量进一步加大，同时静压力的增大也会增加涂层的塑性变形量，材料的组织细化、加工硬化和残余压应力深度更显著，晶粒细化形成的更大的晶界面积促进了元素的扩散。在组织改善、力场作用和扩散机制影响下，涂层孔隙的演变更加容易。

另外，当静压力和下压量过大时，超声滚压涂层的局部塑性变形加剧，导致滚挤压作用不足以弥合组织流动的间隙结构，同时引起不可忽视的表面损伤和内部微裂纹，这些都不利于涂层表面性能和微观组织的进一步改善，增大了涂层的孔隙率。因此，静压力和下压量的复合作用增强了单因素的形变强化效果，涂层孔隙率的变化是超声滚压静压力和下压量交互作用的结果，当静压力为 0.36～0.45 MPa，下压量为 0.17～0.23 mm 时，涂层孔隙率存在最小值。

### 3.3.4　参数优化与验证

孔隙率响应优化结果如图 3-6 所示，最小孔隙率($Y=1.8334$)对应的最优工艺参数为：滚压温度 581.8 ℃，静压力 0.39 MPa，下压量 0.19 mm。同时将由图 3-5 分析得到的高温辅助超声滚压最佳工艺范围转化为编码值代入孔隙率高阶回归方程，结合现有试验条件，得到优化的最小孔隙率对应的择优加工参数如下：滚压温度 600 ℃，静压力 0.40 MPa，下压量 0.20 mm。这与前面章节分析得到的不同加热温度下辅助超声滚压金属陶瓷涂层表面强化在 0.40 MPa、600 ℃时具有较好的组织性能这一结论相对应，进一步验证了响应曲面模型的可靠性。

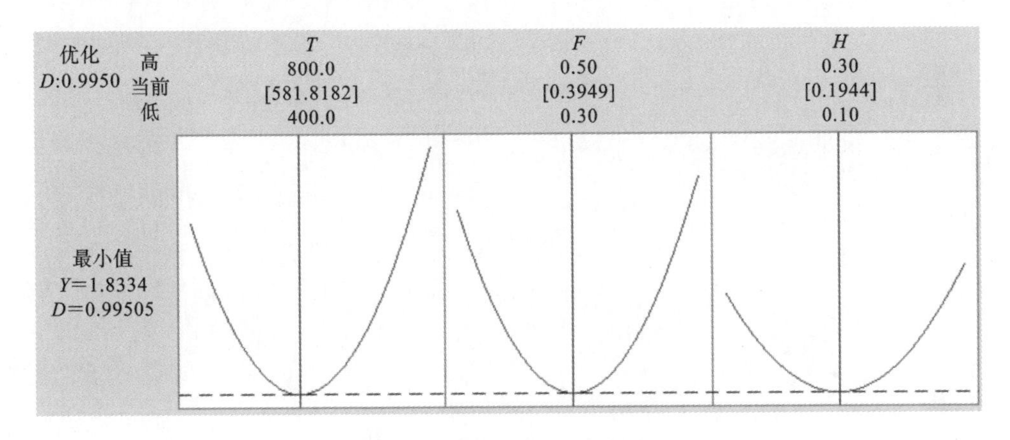


图 3-6　孔隙率响应优化结果

## 3.4　本章小结

本章主要介绍了响应曲面法的适用范围、分类、特点及分析过程，并建立了超声滚压各因素与涂层孔隙率之间的数学关系，主要结论如下。

(1) 得出高温辅助超声滚压各工艺参数与涂层孔隙率 $Y$ 的二阶回归方程，最终确定孔隙率与各参数之间的关系式，获得最佳工艺参数，其回归方程为

$$
\begin{aligned}
Y =& 30.37-0.02706T-87.18F-35.27H+0.000029T^2+111.8F^2+63.8H^2 \\
&-0.01412T\cdot F-0.00612T\cdot H+35.75F\cdot H
\end{aligned}
$$

(2) 得到高温辅助超声滚压各单因子对涂层孔隙率的显著性高低顺序为：滚压温度>静压力>下压量，$T$、$H^2$ 为显著影响因子，$H$、$F$、$T^2$、$F^2$ 为不显著影响因子。双因子交互作用对涂层孔隙率影响的显著性高低顺序为：$F \cdot H > T \cdot F > T \cdot H$，其中：$F \cdot H$、$T \cdot F$ 为显著影响因子，$T \cdot H$ 为不显著影响因子。

(3) 根据高温辅助超声滚压交互因子对涂层孔隙率有复合作用的 3D 响应曲面图和等高线图，可以得到最小孔隙率的工艺参数范围，结合孔隙率响应值优化结果图和实验条件，优选加工参数如下：滚压温度 600 ℃，静压力 0.40 MPa，下压量 0.20 mm。最优工艺条件下，涂层组织性能与前面章节分析得到的结论基本一致，验证了响应模型的可靠性。

# 第 4 章　基于正交试验的温度辅助超声滚压工艺参数优化

在现实问题中，试验对象所涉及的事物往往比较复杂，对试验指标的影响因素有许多。在多因素、多水平试验中，相关的因素、水平搭配比较多，试验量会特别大。为了最大限度地减少试验的次数，同时又保证试验整体效果，可以采用正交试验设计这种有效的方法。

正交试验设计是一种多因素设计方法，它是利用正交表来分析和安排多因素试验的科学办法。其基本思想是从整体试验中筛选出一部分有代表性的试验点进行试验，以达到节约时间和降低成本的目的。正交表中的试验方案能够全面地覆盖试验因素和水平组合，同时保证试验因素之间的独立性，从而降低试验误差、提高试验效率。为了研究不同超声滚压加工(ultrasonic surface rolling processing，USRP)工艺参数对试样涂层表面粗糙度、表面硬度和残余应力的影响程度，保证试验结果能达到最佳效果，并减少试验的次数，采用正交试验的方法对试样进行参数优化分析。

## 4.1　正交试验方案

在本次 USRP 正交试验中，主要的研究对象为试样温度、初始静压力、主轴转速及下压量。表 4-1 为 4 因素 4 水平的试验方案，表中温度、静压力、主轴转速及下压量的各水平都可通过改变单因素得到。表 4-2 所列为正交试验方案。

表 4-1　USRP 参数的因素与水平

| 因素 | 水平 1 | 水平 2 | 水平 3 | 水平 4 |
|---|---|---|---|---|
| A(温度)/℃ | 250 | 450 | 650 | 850 |
| B(静压力)/MPa | 0.2 | 0.3 | 0.4 | 0.5 |
| C(主轴转速)/(r/min) | 125 | 180 | 250 | 355 |
| D(下压量)/mm | 0.15 | 0.20 | 0.25 | 0.30 |

注：本章中因素 A、B、C、D 的单位同表 4-1。

表 4-2 正交试验方案

| 组次 | 分组 | A（温度） | B（静压力） | C（主轴转速） | D（下压量） | 表面粗糙度/μm | 硬度/HV | 残余应力/MPa |
|---|---|---|---|---|---|---|---|---|
| 1 | $A_1B_1C_1D_1$ | 250 | 0.2 | 125 | 0.15 | 0.325 | 862.5 | −478.9 |
| 2 | $A_1B_2C_2D_2$ | 250 | 0.3 | 180 | 0.20 | 0.555 | 870.1 | −510.4 |
| 3 | $A_1B_3C_3D_3$ | 250 | 0.4 | 250 | 0.25 | 0.351 | 906.8 | −555.6 |
| 4 | $A_1B_4C_4D_4$ | 250 | 0.5 | 355 | 0.30 | 0.498 | 850.9 | −543.5 |
| 5 | $A_2B_1C_2D_3$ | 450 | 0.2 | 180 | 0.25 | 0.405 | 917.6 | −413.4 |
| 6 | $A_2B_2C_1D_4$ | 450 | 0.3 | 125 | 0.30 | 0.283 | 955.8 | −523.6 |
| 7 | $A_2B_3C_4D_1$ | 450 | 0.4 | 355 | 0.15 | 0.381 | 944.6 | −464.1 |
| 8 | $A_2B_4C_3D_2$ | 450 | 0.5 | 250 | 0.20 | 0.525 | 931.9 | −547.2 |
| 9 | $A_3B_1C_3D_4$ | 650 | 0.2 | 250 | 0.30 | 0.484 | 920.6 | −430.1 |
| 10 | $A_3B_2C_4D_3$ | 650 | 0.3 | 355 | 0.25 | 0.569 | 1005.3 | −432.6 |
| 11 | $A_3B_3C_1D_2$ | 650 | 0.4 | 125 | 0.20 | 0.161 | 1040.6 | −532.1 |
| 12 | $A_3B_4C_2D_1$ | 650 | 0.5 | 180 | 0.15 | 0.225 | 940.1 | −524.5 |
| 13 | $A_4B_1C_4D_2$ | 850 | 0.2 | 355 | 0.20 | 0.495 | 896.8 | −385.5 |
| 14 | $A_4B_2C_3D_1$ | 850 | 0.3 | 250 | 0.15 | 0.588 | 931.5 | −395.3 |
| 15 | $A_4B_3C_2D_4$ | 850 | 0.4 | 180 | 0.30 | 0.397 | 972.6 | −445.6 |
| 16 | $A_4B_4C_1D_3$ | 850 | 0.5 | 125 | 0.25 | 0.296 | 975.3 | −582.3 |

## 4.2 涂层表面粗糙度的正交试验分析

### 4.2.1 极差分析

极差分析法是一种有效的数据分析方法，通过计算数据集的极差来确定数据集中的波动程度和离散程度。对于正交试验中的每个因素，可以计算其对应水平的极差，从而确定每个因素的贡献率和影响程度。采用极差分析法可以确定主要影响因素和最优的水平组合方案。这使得极差分析法成为一种适用于正交试验的有效工具，可以帮助研究人员优化试验设计方案。

为了分析工艺参数和涂层表面粗糙度间的相关性，表4-3列出了涂层经USRP后的表面粗糙度和极差($R$)的结果，各数据均由试验和计算得出。极差分析法计算式见式(4-1)和式(4-2)：

$$K_{ij}=\frac{1}{4}\sum_{i=1}^{4}k_{ij} \tag{4-1}$$

$$R=K_{ij\max}-K_{ij\min} \tag{4-2}$$

**表4-3　涂层表面粗糙度的极差分析**

| 序号 | A(温度) | B(静压力) | C(主轴转速) | D(下压量) | 粗糙度/μm |
|---|---|---|---|---|---|
| 1 | 250 | 0.2 | 125 | 0.15 | 0.325 |
| 2 | 250 | 0.3 | 180 | 0.20 | 0.555 |
| 3 | 250 | 0.4 | 250 | 0.25 | 0.351 |
| 4 | 250 | 0.5 | 355 | 0.30 | 0.498 |
| 5 | 450 | 0.2 | 180 | 0.25 | 0.405 |
| 6 | 450 | 0.3 | 125 | 0.30 | 0.283 |
| 7 | 450 | 0.4 | 355 | 0.15 | 0.381 |
| 8 | 450 | 0.5 | 250 | 0.20 | 0.525 |
| 9 | 650 | 0.2 | 250 | 0.30 | 0.484 |
| 10 | 650 | 0.3 | 355 | 0.25 | 0.569 |
| 11 | 650 | 0.4 | 125 | 0.20 | 0.161 |
| 12 | 650 | 0.5 | 180 | 0.15 | 0.225 |
| 13 | 850 | 0.2 | 355 | 0.20 | 0.495 |
| 14 | 850 | 0.3 | 250 | 0.15 | 0.588 |
| 15 | 850 | 0.4 | 180 | 0.30 | 0.397 |
| 16 | 850 | 0.5 | 125 | 0.25 | 0.296 |
| $k_1$ | 0.432 | 0.427 | 0.266 | 0.379 | |
| $k_2$ | 0.398 | 0.498 | 0.395 | 0.434 | $K_{ij}=\frac{1}{4}\sum_{i=1}^{4}k_{ij}$ |
| $k_3$ | 0.359 | 0.322 | 0.487 | 0.405 | |
| $k_4$ | 0.444 | 0.386 | 0.485 | 0.415 | |
| 极差$R$ | 0.16 | 0.105 | 0.221 | 0.104 | $R=K_{ij\max}-K_{ij\min}$ |

式中：$k_{ij}$——因素各水平对应的结果；

$K_{ij}$——因素所有水平对应结果之和的平均值，本试验为 4 水平；

$R$——极差。

对表 4-3 中的试样表面粗糙度进行极差分析，从分析的结果可以看出，工艺参数对表面粗糙度影响程度的顺序为：主轴转速＞温度＞静压力＞下压量。由表 4-2 的正交试验方案和结果可以看出，想要得到较低的试样涂层表面粗糙度，可选取第 11 组的超声滚压工艺参数，即组合 $A_3B_3C_1D_2$，所对应的工艺参数为温度 650 ℃、静压力 0.4 MPa、主轴转速 125 r/min、下压量 0.2 mm，涂层表面粗糙度为 0.161 μm。

## 4.2.2 方差分析

极差分析虽然可以直接地分析超声滚压各工艺参数对试验结果的影响程度，但该方法对试验误差的评估存在很大缺陷，这限制了极差分析在确保试验结果可靠性方面的应用。因此采用方差分析法对正交试验结果进行合理分析。

方差是统计学中用来衡量一组数据的离散程度的指标。它表示每个数据与该组数据平均值的差异程度。方差分析是一种统计学方法，用于比较两个或两个以上组之间的均值差异，并将总体差异分解为组内方差和组间方差，从而将因素的水平变化导致试验结果产生的差异和误差区分开来。方差分析的基本逻辑是，通过分析不同因素的离散对总离散的贡献，从而确定试验因素对试验结果的影响程度。具体地，方差分析通过计算组间方差和组内方差之间的比例来判断因素变化是否对试验结果产生了显著影响。组间方差反映了因素差异的大小，也就是不同处理或变量组之间的差异；而组内方差反映了误差的大小，也就是同一处理或变量组内部的差异。如果因素变化导致试验结果的变化超过了误差的范围，就可以认为该因素的变化对试验结果产生了显著的影响。

方差分析通常包括以下步骤。

（1）建立假设　明确需要比较的组别或因素，并对其进行假设检验。

（2）计算偏差平方和　需要计算组间偏差平方和与组内偏差平方和，以及总偏差平方和。组间偏差平方和反映因素之间的差异，而组内偏差平方和反映因素内部即误差的差异。计算这些偏差平方和之间的比例，可以得到偏差平方和比例（F 值），从而进行显著性检验。

(3) 显著性检验　根据 F 值来进行因素显著性检验，以确定因素之间的差异是否显著。首先在 F 分布表中选取一个临界值 $F_\alpha$ 来判断因素产生的差异是否显著大于误差导致的差异，如果该因素的 F 值大于该临界值 $F_\alpha$ 时，说明该因素的影响是显著的。$\alpha$ 的取值可以根据实际的需要进行选择，本章选取 $\alpha=0.1$ 作为判断标准。

第一步：计算偏差平方和。

下列 $S_{总}$、$S_e$ 分别表示总偏差平方和、误差的偏差平方和，$S_A$、$S_B$、$S_C$、$S_D$ 表示各因素的偏差平方和，$x_i$ 表示第 $i$ 组的试验结果，$T_i$ 表示在第 $i$ 个水平下试验结果的和，分析过程所需的公式如下。

超声滚压试验数据的总偏差平方和的计算公式如式(4-3)所示：

$$\begin{cases} S_{总} = \sum_{i=1}^{16} x_i^2 - \dfrac{T^2}{16} \\ T = \sum_{i=1}^{16} x_i = x_1 + x_2 + \cdots + x_{16} \end{cases} \tag{4-3}$$

试验中各因素的偏差平方和的计算公式如式(4-4)所示：

$$S_A = \frac{1}{4}\sum_{i=1}^{4} T_i^2 - \frac{T^2}{16} \tag{4-4}$$

$S_B$、$S_C$、$S_D$ 也用式(4-4)求出，A、B、C、D 因素的交互作用的偏差平方和为

$$S_{A\times B\times C\times D} = S_A + S_B + S_C + S_D \tag{4-5}$$

超声滚压试验引起的误差的偏差平方和 $S_e$，为所有空白列中偏差平方和的总和，计算公式如式(4-6)所示：

$$S_e = \sum S_{空白列} \tag{4-6}$$

当所选用的正交表并无空白列时，空白列可以参考极差分析得到的敏感值最小的因素列，将该列因素引起的偏差平方和作为误差引起的偏差平方和。

令

$$\begin{cases} T_i = \sum_{i=1}^{4} x_{ij} \\ q = \dfrac{T^2}{16} \end{cases} \tag{4-7}$$

$$\begin{cases} f = \sum_{i=1}^{16} x_i^2 \\ Q = \dfrac{1}{4}\sum_{i=1}^{4} T_i^2 \end{cases} \tag{4-8}$$

$$\begin{cases} S_A = Q - q \\ S_{总} = f - q \\ S_e = \sum S_{空白列} = f - q - S_{A\times B\times C\times D} \end{cases} \tag{4-9}$$

第二步:计算自由度。

$m$ 表示自由度,总偏差平方和 $S_{总}$ 的自由度等于实验总次数减 1 为 15,各因素的偏差平方和所对应的自由度等于因素水平数减 1 为 3。

试验误差的自由度为

$$m_e = \sum m_{空白列} \tag{4-10}$$

第三步:计算 F 值。

F 值为因素的平均偏差平方和与误差的平均离差平方和的比值,计算公式如式(4-11)所示,以因素 $A$ 为例:

$$F = \frac{S_A/m_e}{S_e/m_e} \tag{4-11}$$

其他因素的 F 值计算过程同式(4-11)。

第四步:显著性检验。

根据自由度 $m_A$、$m_e$ 和所选定的显著性水平 $\alpha$ 查询 F 表,得到显著性临界值 $F_\alpha$,$F_A$ 的临界值为 $F_\alpha(m_A, m_e)$。然后比较 $F_A$ 与 $F_\alpha$ 的大小关系,判断该因素的显著性。如果 F 值大于 $F_{0.1}$,则认为该因素有显著影响,如果 F 值小于 $F_{0.1}$ 则认为该因素影响不显著。由于试验的各因素自由度为 3,误差的自由度为 6,从 F 分布表中得知 $F_{0.1}(3,6)=3.29$。

根据式(4-3)至式(4-11),分别对试验中的表面粗糙度、表面硬度、表面残余应力进行分析。涂层表面粗糙度的方差分析及计算结果如表 4-4 所示。

**表 4-4 涂层表面粗糙度的方差分析及计算结果**

| 序号 | A（温度） | B（静压力） | C（主轴转速） | D（下压量） | 表面粗糙度/μm |
|---|---|---|---|---|---|
| 1 | 250 | 0.2 | 125 | 0.15 | 0.325 |
| 2 | 250 | 0.3 | 180 | 0.20 | 0.555 |
| 3 | 250 | 0.4 | 250 | 0.25 | 0.351 |
| 4 | 250 | 0.5 | 355 | 0.30 | 0.498 |
| 5 | 450 | 0.2 | 180 | 0.25 | 0.405 |
| 6 | 450 | 0.3 | 125 | 0.30 | 0.283 |

续表

| 序号 | A<br>(温度) | B<br>(静压力) | C<br>(主轴转速) | D<br>(下压量) | 表面<br>粗糙度/μm |
|---|---|---|---|---|---|
| 7 | 450 | 0.4 | 355 | 0.15 | 0.381 |
| 8 | 450 | 0.5 | 250 | 0.20 | 0.525 |
| 9 | 650 | 0.2 | 250 | 0.30 | 0.484 |
| 10 | 650 | 0.3 | 355 | 0.25 | 0.569 |
| 11 | 650 | 0.4 | 125 | 0.20 | 0.161 |
| 12 | 650 | 0.5 | 180 | 0.15 | 0.225 |
| 13 | 850 | 0.2 | 355 | 0.20 | 0.495 |
| 14 | 850 | 0.3 | 250 | 0.15 | 0.588 |
| 15 | 850 | 0.4 | 180 | 0.30 | 0.397 |
| 16 | 850 | 0.5 | 125 | 0.25 | 0.296 |
| $P_1$ | 1.729 | 1.709 | 1.065 | 1.519 | |
| $P_2$ | 1.594 | 1.995 | 1.582 | 1.736 | $P = x_1 + x_2 + \cdots + x_{16}$ |
| $P_3$ | 1.439 | 1.290 | 1.948 | 1.621 | $q = \frac{1}{16} P^2$ |
| $P_4$ | 1.776 | 1.544 | 1.943 | 1.662 | $W = \sum_{i=1}^{16} x_i^2$ |
| $Q$ | 2.868 | 2.737 | 2.801 | 2.677 | $S_t = W - q$ |
| $S_t$ | 0.197 | 0.066 | 0.130 | 0.0067 | |

对表 4-4 中的试样表面粗糙度进行方差分析，得出表 4-5 所示的试验因素对涂层表面粗糙度的显著性影响分析结果。对于表面粗糙度来说，不同的因素对表面粗糙度的影响各不相同，从分析的结果可以看出，四个因素中温度的均方最大，其 F 值为 58.03571，大于 $F_{0.1}(3,6)=3.29$，说明温度对表面粗糙度的影响是最显著的，表 4-4 分析出主轴转速和静压力对表面粗糙度的影响较显著，下压量对表面粗糙度的影响不显著。工艺参数对表面粗糙度影响程度的顺序为：温度＞主轴转速＞静压力＞下压量。虽然极差分析结果与方差分析结果有区别，但整体影响的方向性是一致的（因方差分析更具科学性，本书将方差分析作为试验分析依据）。

表 4-5　不同工艺参数对涂层表面粗糙度的显著性影响分析

| 工艺参数 | $S_t$(偏差平方和) | 自由度 | 均方 | F | 显著性 |
|---|---|---|---|---|---|
| A(温度) | 0.197 | 3 | 0.065 | 58.03571 | 显著 |
| C(主轴转速) | 0.130 | 3 | 0.043 | 38.39286 | 显著 |
| B(静压力) | 0.066 | 3 | 0.022 | 19.64286 | 显著 |
| $S_e$ | 0.0067 | 6 | 0.00112 | | |

# 4.3　涂层表面硬度的正交试验分析

## 4.3.1　极差分析

对表 4-6 所示的试样表面硬度进行极差分析，从分析的结果可以看出，工艺参数对表面硬度影响程度的顺序为：温度＞静压力＞主轴转速＞下压量。通过表 4-2 的正交试验方案和结果可以看出，想要得到较高的试样涂层表面硬度，可选取第 11 组的超声滚压工艺参数，即组合 $A_3B_3C_1D_2$，所对应的工艺参数为：温度 650 ℃、静压力 0.4 MPa、主轴转速 125 r/min、下压量 0.2 mm，涂层表面硬度为 1040.6 HV。

表 4-6　涂层表面硬度的极差分析

| 序号 | A(温度) | B(静压力) | C(主轴转速) | D(下压量) | 硬度/HV |
|---|---|---|---|---|---|
| 1 | 250 | 0.2 | 125 | 0.15 | 862.5 |
| 2 | 250 | 0.3 | 180 | 0.20 | 870.1 |
| 3 | 250 | 0.4 | 250 | 0.25 | 906.8 |
| 4 | 250 | 0.5 | 355 | 0.30 | 850.9 |
| 5 | 450 | 0.2 | 180 | 0.25 | 917.6 |
| 6 | 450 | 0.3 | 125 | 0.30 | 955.8 |
| 7 | 450 | 0.4 | 355 | 0.15 | 944.6 |
| 8 | 450 | 0.5 | 250 | 0.20 | 931.9 |

续表

| 序号 | A(温度) | B(静压力) | C(主轴转速) | D(下压量) | 硬度/HV |
|---|---|---|---|---|---|
| 9 | 650 | 0.2 | 250 | 0.30 | 920.6 |
| 10 | 650 | 0.3 | 355 | 0.25 | 1005.3 |
| 11 | 650 | 0.4 | 125 | 0.20 | 1040.6 |
| 12 | 650 | 0.5 | 180 | 0.15 | 940.1 |
| 13 | 850 | 0.2 | 355 | 0.20 | 896.8 |
| 14 | 850 | 0.3 | 250 | 0.15 | 931.5 |
| 15 | 850 | 0.4 | 180 | 0.30 | 972.6 |
| 16 | 850 | 0.5 | 125 | 0.25 | 975.3 |
| $k_1$ | 872.575 | 899.375 | 958.55 | 919.675 | |
| $k_2$ | 937.475 | 940.675 | 925.1 | 934.85 | $K_{ij}=\frac{1}{4}\sum_{i=1}^{4}k_{ij}$ |
| $k_3$ | 976.65 | 966.15 | 922.7 | 951.25 | |
| $k_4$ | 944.05 | 924.55 | 924.4 | 924.975 | |
| 极差 $R$ | 104.075 | 66.775 | 35.85 | 31.575 | $R=K_{ij\max}-K_{ij\min}$ |

### 4.3.2 方差分析

对表4-7中的试样表面硬度进行方差分析，得出表4-8所示的试验因素对涂层表面硬度的显著性影响分析结果，对于表面硬度来说，不同的因素对表面硬度的影响各不相同。从分析的结果可以看出，四个因素中温度的均方最大，其F值为19.71537，大于$F_{0.1}(3,6)=3.29$，说明温度对硬度的影响是最显著的；静压力的F值为8.16358，说明静压力对涂层表面硬度的影响也是显著的；主轴转速的F值为3.096172，说明主轴转速对涂层表面硬度的影响不显著，从表4-7中得出下压量对涂层表面硬度的影响也不显著，工艺参数对表面硬度影响程度的顺序为：温度＞静压力＞主轴转速＞下压量。由方差分析结果和极差分析结果可以看出，工艺参数对表面硬度影响程度的顺序是一致的。

**表 4-7 涂层表面硬度的方差分析及计算结果**

| 序号 | A(温度) | B(静压力) | C(主轴转速) | D(下压量) | 硬度/HV |
|---|---|---|---|---|---|
| 1 | 250 | 0.2 | 125 | 0.15 | 862.5 |
| 2 | 250 | 0.3 | 180 | 0.20 | 870.1 |
| 3 | 250 | 0.4 | 250 | 0.25 | 906.8 |
| 4 | 250 | 0.5 | 355 | 0.30 | 850.9 |
| 5 | 450 | 0.2 | 180 | 0.25 | 917.6 |
| 6 | 450 | 0.3 | 125 | 0.30 | 955.8 |
| 7 | 450 | 0.4 | 355 | 0.15 | 944.6 |
| 8 | 450 | 0.5 | 250 | 0.20 | 931.9 |
| 9 | 650 | 0.2 | 250 | 0.30 | 920.6 |
| 10 | 650 | 0.3 | 355 | 0.25 | 1005.3 |
| 11 | 650 | 0.4 | 125 | 0.20 | 1040.6 |
| 12 | 650 | 0.5 | 180 | 0.15 | 940.1 |
| 13 | 850 | 0.2 | 355 | 0.20 | 896.8 |
| 14 | 850 | 0.3 | 250 | 0.15 | 931.5 |
| 15 | 850 | 0.4 | 180 | 0.30 | 972.6 |
| 16 | 850 | 0.5 | 125 | 0.25 | 975.3 |
| $P_1$ | 872.57 | 899.37 | 958.55 | 919.67 | |
| $P_2$ | 937.47 | 940.67 | 925.10 | 934.85 | |
| $P_3$ | 976.65 | 966.15 | 922.70 | 951.25 | |
| $P_4$ | 944.05 | 924.55 | 924.40 | 924.97 | |
| $Q$ | 13941288.53 | 13927933.49 | 13922075.05 | 13920807.77 | |
| $S_t$ | 22792.962 | 9437.922 | 3579.487 | 2312.202 | |

$$P = x_1 + x_2 + \cdots + x_{16}$$

$$q = \frac{1}{16} P^2$$

$$W = \sum_{i=1}^{16} x_i^2$$

$$S_t = W - q$$

**表 4-8 不同工艺参数对涂层表面硬度的显著性影响分析**

| 工艺参数 | $S_t$(偏差平方和) | 自由度 | S | F | 显著性 |
|---|---|---|---|---|---|
| A(温度) | 22792.962 | 3 | 7597.654167 | 19.71537 | 显著 |
| B(静压力) | 9437.922 | 3 | 3145.974167 | 8.16358 | 显著 |
| C(主轴转速) | 3579.487 | 3 | 1193.1625 | 3.096172 | 不显著 |
| $S_e$ | 2312.202 | 6 | 385.367 | | |

# 4.4　涂层表面残余应力分析

## 4.4.1　极差分析

对表 4-9 所示的试样表面残余应力进行极差分析，从分析的结果可以看出，工艺参数对表面残余应力影响程度的顺序为：静压力＞主轴转速＞温度＞下压量。通过表 4-2 的正交试验方案和结果可以看出，想要得到较大的试样涂层表面残余应力，可选取第 16 组的超声滚压工艺参数，即组合 $A_4B_4C_1D_3$，所对应的工艺参数为：温度 850 ℃、静压力 0.5 MPa、主轴转速 125 r/min、下压量 0.25 mm，涂层表面残余应力为－582.3 MPa。

表 4-9　涂层表面残余应力的极差分析

| 序号 | A(温度) | B(静压力) | C(主轴转速) | D(下压量) | 残余应力/MPa |
|---|---|---|---|---|---|
| 1 | 250 | 0.2 | 125 | 0.15 | －478.9 |
| 2 | 250 | 0.3 | 180 | 0.20 | －510.4 |
| 3 | 250 | 0.4 | 250 | 0.25 | －555.6 |
| 4 | 250 | 0.5 | 355 | 0.30 | －543.5 |
| 5 | 450 | 0.2 | 180 | 0.25 | －413.4 |
| 6 | 450 | 0.3 | 125 | 0.30 | －523.6 |
| 7 | 450 | 0.4 | 355 | 0.15 | －464.1 |
| 8 | 450 | 0.5 | 250 | 0.20 | －547.2 |
| 9 | 650 | 0.2 | 250 | 0.30 | －430.1 |
| 10 | 650 | 0.3 | 355 | 0.25 | －432.6 |
| 11 | 650 | 0.4 | 125 | 0.20 | －532.1 |
| 12 | 650 | 0.5 | 180 | 0.15 | －524.5 |
| 13 | 850 | 0.2 | 355 | 0.20 | －385.5 |

续表

| 序号 | A(温度) | B(静压力) | C(主轴转速) | D(下压量) | 残余应力/MPa |
|---|---|---|---|---|---|
| 14 | 850 | 0.3 | 250 | 0.15 | −395.3 |
| 15 | 850 | 0.4 | 180 | 0.30 | −445.6 |
| 16 | 850 | 0.5 | 125 | 0.25 | −582.3 |
| $k_1$ | −522.1 | −426.975 | −529.225 | −465.7 | |
| $k_2$ | −487.075 | −465.475 | −473.475 | −493.8 | $K_{ij}=\frac{1}{4}\sum_{i=1}^{4}k_{ij}$ |
| $k_3$ | −479.825 | −499.35 | −482.05 | −495.975 | |
| $k_4$ | −452.175 | −549.375 | −456.425 | −485.7 | |
| 极差 $R$ | 69.925 | 122.4 | 72.8 | 30.275 | $R=K_{ij\max}-K_{ij\min}$ |

## 4.4.2 方差分析

对表 4-10 中的试样表面残余应力进行方差分析，得出表 4-11 所示的试验因素对涂层表面残余应力的显著性影响分析结果。对于表面残余应力来说，不同的因素对表面残余应力的影响各不相同。从分析的结果可以看出，四个因素中静压力的均方最大，其 F 值为 28.38732，大于 $F_{0.1}(3,6)=3.29$，表明静压力对表面残余应力的影响最显著；主轴转速的 F 值为 10.21362，表明主轴转速对涂层表面残余应力的影响是显著的；温度的 F 值为 8.709977，表明温度对涂层表面残余应力的影响也是显著的，观察表 4-10 得出下压量对涂层表面残余应力的影响不显著，工艺参数对表面残余应力影响程度的顺序为：静压力＞主轴转速＞温度＞下压量。由方差分析结果和极差分析结果可以看出，工艺参数对表面残余应力影响程度的顺序是一致的。

**表 4-10　涂层表面残余应力的方差分析及计算结果**

| 序号 | A(温度) | B(静压力) | C(主轴转速) | D(下压量) | 残余应力/MPa |
|---|---|---|---|---|---|
| 1 | 250 | 0.2 | 125 | 0.15 | −478.9 |
| 2 | 250 | 0.3 | 180 | 0.20 | −510.4 |
| 3 | 250 | 0.4 | 250 | 0.25 | −555.6 |

续表

| 序号 | A(温度) | B(静压力) | C(主轴转速) | D(下压量) | 残余应力/MPa |
|---|---|---|---|---|---|
| 4 | 250 | 0.5 | 355 | 0.30 | −543.5 |
| 5 | 450 | 0.2 | 180 | 0.25 | −413.4 |
| 6 | 450 | 0.3 | 125 | 0.30 | −523.6 |
| 7 | 450 | 0.4 | 355 | 0.15 | −464.1 |
| 8 | 450 | 0.5 | 250 | 0.20 | −547.2 |
| 9 | 650 | 0.2 | 250 | 0.30 | −430.1 |
| 10 | 650 | 0.3 | 355 | 0.25 | −432.6 |
| 11 | 650 | 0.4 | 125 | 0.20 | −532.1 |
| 12 | 650 | 0.5 | 180 | 0.15 | −524.5 |
| 13 | 850 | 0.2 | 355 | 0.20 | −385.5 |
| 14 | 850 | 0.3 | 250 | 0.15 | −395.3 |
| 15 | 850 | 0.4 | 180 | 0.30 | −445.6 |
| 16 | 850 | 0.5 | 125 | 0.25 | −582.3 |
| $P_1$ | −2088.4 | −1707.9 | −2116.9 | −1862.8 | |
| $P_2$ | −1948.3 | −1861.9 | −1893.9 | −1975.2 | $P=x_1+x_2+\cdots+x_{16}$ |
| $P_3$ | −1919.3 | −1997.4 | −1928.2 | −1983.9 | $q=\frac{1}{16}P^2$ |
| $P_4$ | −1808.7 | −2197.5 | −1825.7 | −1942.8 | $W=\sum_{i=1}^{16}x_i^2$ |
| $Q$ | 3778098.90 | 3800551.75 | 3779814.63 | 3770442.48 | $S_t=W-q$ |
| $S_t$ | 9938.526 | 32391.376 | 11654.256 | 2282.101 | |

**表 4-11　不同工艺参数对涂层表面残余应力的显著性影响分析**

| 工艺参数 | $S_t$(偏差平方和) | 自由度 | S | F | 显著性 |
|---|---|---|---|---|---|
| B(静压力) | 32391.37687 | 3 | 10797.12562 | 28.38732 | 显著 |
| C(主轴转速) | 11654.25687 | 3 | 3884.752292 | 10.21362 | 显著 |
| A(温度) | 9938.526875 | 3 | 3312.842292 | 8.709977 | 显著 |
| $S_e$ | 2282.101875 | 6 | 380.3503 | | |

## 4.5　本章小结

本章主要研究了超声滚压过程中多因素对涂层表面粗糙度、表面硬度、表面残余应力的影响程度，选择了温度、主轴转速、静压力、下压量四个因素并定义四个水平，选用了 $L_{16}(4^4)$型正交试验表来设计试验，采用了方差分析法和极差分析法，分别对四个试验因素进行分析，得到了以下结论：

(1) 工艺参数对表面粗糙度影响程度的顺序为：温度＞主轴转速＞静压力＞下压量。想要得到较低的试样涂层表面粗糙度，可选取第 11 组的超声滚压工艺参数，即组合 $A_3B_3C_1D_2$，所对应的工艺参数为：温度 650 ℃、静压力 0.4 MPa、主轴转速 125 r/min、下压量 0.2 mm，涂层表面粗糙度为 0.161 μm。

(2) 工艺参数对表面硬度影响程度的顺序为：温度＞静压力＞主轴转速＞下压量。想要得到较高的试样涂层表面硬度，可选取第 11 组的超声滚压工艺参数，即组合 $A_3B_3C_1D_2$，所对应的工艺参数为：温度 650 ℃、静压力 0.4 MPa、主轴转速 125 r/min、下压量 0.2 mm，涂层表面硬度为 1040.6 HV。

(3) 工艺参数对表面残余应力影响程度的顺序为：静压力＞主轴转速＞温度＞下压量。想要得到较大的试样涂层表面残余应力，可选取第 16 组的超声滚压工艺参数，即组合 $A_4B_4C_1D_3$，所对应的工艺参数为：温度 850 ℃、静压力 0.5 MPa、主轴转速 125 r/min、下压量 0.25 mm，涂层表面残余应力为－582.3 MPa。

# 第 5 章　高温超声深滚温度对喷涂金属陶瓷涂层摩擦学性能的影响

## 5.1　温度对 Ni/WC 涂层表面粗糙度的影响

图 5-1 为超声滚压前后试样的表面粗糙度 *Ra* 的变化规律，其中未超声滚压处理试样和常温超声滚压试样的表面粗糙度值分别为 *Ra* 1.24 μm 和 *Ra* 0.58 μm，0.4 MPa，200～800 ℃高温辅助超声滚压试样的表面粗糙度值分别为 *Ra* 0.32 μm，*Ra* 0.26 μm，*Ra* 0.12 μm，*Ra* 0.64 μm，进行高温辅助超声滚压后的涂层表面粗糙度相比于未处理试样和常温超声滚压试样明显得到进一步改善，表面粗

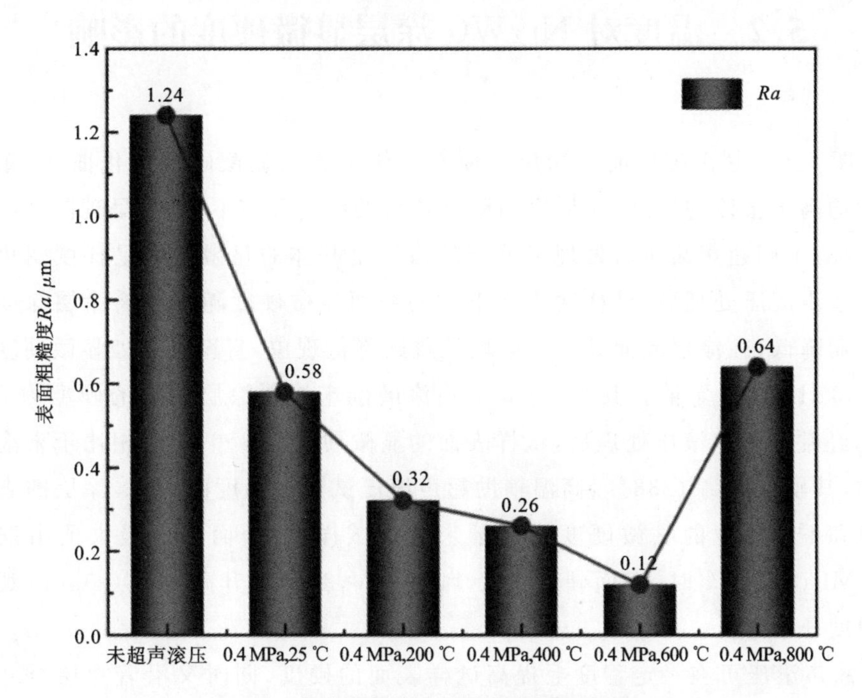


图 5-1　超声滚压前后试样的表面粗糙度 *Ra*

糙度随温度升高呈现先减小后增大的关系，其中在 0.4 MPa，600 ℃条件下的高温辅助超声滚压处理达到较好改善效果，表面粗糙度值降低至 0.12 μm，较未处理试样的表面粗糙度值降低了 90%，较常温超声滚压试样的表面粗糙度值降低了 54%。

未滚压试样由于磨削粗加工后表面存在较多切削痕迹，表面有不平整的细小凸起和沟槽，表面微观缺陷多，表面粗糙度较高。经过常温超声滚压之后的涂层表面在超声动态冲击力与滚压作用力作用下使得材料发生剧烈的弹塑性变形，塑性流动填平了凹槽，压平了凸起位置，形成了“削峰填谷”效果，减小了涂层表面粗糙度。经过高温辅助超声滚压的试样随引入的加热温度升高，材料塑性变形程度加剧，表面粗糙度进一步降低，另外高温热效应与超声加工“声塑效应”的协同作用加速了应力波传送，从而达到有效改善涂层表面加工缺陷的目的。但在 800 ℃温度过高时表面改善效果会减弱，这可能是因为过高的温度降低了涂层表面应变能，位错运动进一步削弱，同时在高温热效应、初始静压力、超声冲击力及动态滚挤压作用下，滚压陶瓷涂层的表层可能发生热松弛和组织重排。

## 5.2 温度对 Ni/WC 涂层显微硬度的影响

图 5-2 为超声滚压前后涂层表面至基体下方的显微硬度变化曲线，涂层硬度均高于基体的硬度，涂层界面附近各点的硬度分布不均匀，呈现阶梯状分布特征，不同超声滚压后处理工艺下的涂层至基体的显微硬度呈梯度变化规律。超声滚压处理后，试样次表面下方的截面显微硬度随着距离涂层深度的加深而降低，在涂层界面处存在阶段性跳跃降低现象，直至基体处显微硬度趋于 255 HV 的稳定值。其中，等离子喷涂磨削未滚压涂层表面的硬度为 615 HV，经常温超声滚压处理后，试样表面的显微硬度为 850 HV，相比于未滚压试样，其硬度提高了 38%，高温辅助超声滚压试样随温度的增加，涂层的表面硬度和不同深度的显微硬度均高于未处理试样的，表面硬度最大值出现在 0.4 MPa，600 ℃时，表面硬度值为 1195 HV，当温度升高至 800 ℃时，其显微硬度开始降低。

超声滚压可在一定程度上提高试样表面的硬度，同时又沿着涂层至基体下方呈梯度变化，这是因为在超声滚压过程中超声波的振动带动滚压工具头

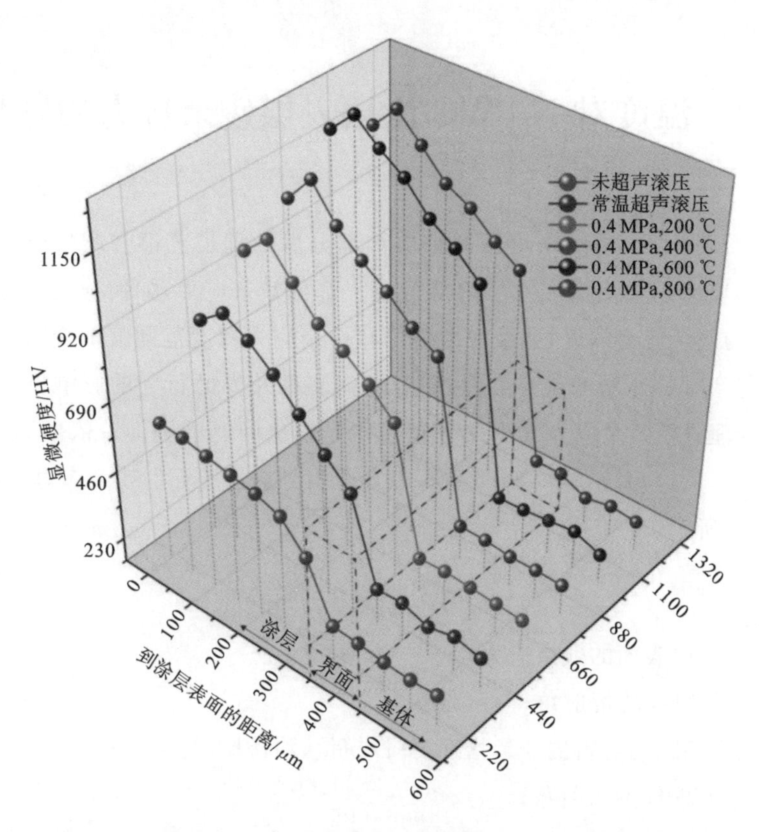


图 5-2　超声滚压前后涂层表面至基体下方显微硬度变化曲线

反复在试样表面挤压变形，使表面层晶粒细化，造成表面的组织形貌和微观结构发生改变，产生细晶强化和形变强化的效果，从而导致表面硬度大幅度提高。超声滚压试样表面下方 50 μm 处的硬度显著下降，表明表面变形层的厚度为 50 μm，经常温超声滚压后次表层硬度提升至 910 HV，温度升高材料塑性变形的程度更高，可提高涂层的显微硬度，600 ℃高温辅助超声滚压试样的次表层硬度值提升至 1270 HV，此时高温热场下超声滚压的大塑性变形导致的硬度梯度变化的层深为 350 μm。由于在距试样表面一定深度范围内存在硬度的变化，表明超声滚压处理对该深度内的微观组织产生了影响，但在 800℃时，涂层内部产生应力松弛，缺陷增多，不利于表面纳米结构的形成，降低了涂层的显微硬度。高温辅助超声滚压后，涂层的致密化、晶粒细化和硬质相的增加，是其具有更高的平均显微硬度值和更小的离散性的根本原因。硬度的提高主要是细晶强化、滚压硬化层深度、固溶强化、弥散强化和软硬质相增强体系的共同作用。

# 5.3 温度对 Ni/WC 涂层表层残余应力的影响

等离子喷涂后，磨削未滚压的涂层和部分后处理工艺都会产生极高的热应力，这些热应力消失后会在涂层内部留存一部分残余应力，如何确定高温辅助超声滚压后的残余应力深度、残余应力极值和残余应力梯度范围就演变为一个综合问题，研究涂层后处理工艺参数对涂层/基体表面及界面行为的影响机制和工艺择优，对合理调控残余应力大小及分布规律是解决问题的关键。依据 $\sin^2\varphi$ 法应力计算公式(5-1)，采用软件 MDI Jade 6 计算得到涂层表面的残余应力值，计算结果如图 5-3 所示。

$$\sigma = k\frac{\Delta(2\theta)}{\Delta(\sin^2\varphi)} \tag{5-1}$$

式中：$\sigma$——涂层表面的残余应力；

$\theta$——X 射线的衍射角；

$k$——常数，与材料的变形指标(弹性模量、泊松比)有关；

$\varphi$——X 射线的入射角。

可以看出：未经过超声滚压的涂层表面平均残余应力为 165.5 MPa，这是因为等离子喷涂沉积涂层时经历了颗粒快速熔化到沉积堆叠后快速凝固的过程，其温差热效应变化产生了组织应力。另外，先沉积至基体的颗粒因散热较快产生的凝固，对后沉积凝固的颗粒材料产生拉力作用，进而形成残余拉应力，再经打磨抛光机械加工后仍然保留残余拉应力。经常温超声滚压后的试样表面平均残余应力为－312 MPa，此时残余拉应力转换为残余压应力，且数值更大。除了 800 ℃高温辅助超声滚压试样以外，当滚压力保持 0.4 MPa 不变，滚压温度由 200 ℃上升至 600 ℃的过程中，试样表面的残余压应力数值随着滚压温度的上升而上升，600 ℃时试样表面的残余压应力(－487 MPa)相比于常温滚压试样的提升了 56%，试样滚压表面的残余应力误差分布变得更加均匀，而当温度上升至 800 ℃时，试样滚压表面的残余应力减小，误差增大呈不均匀分布。这说明适当的滚压温度有利于提升残余应力的大小和均匀分布。

材料表面的残余压应力作为一种有益的应力，有利于提高材料的疲劳强度。超声滚压加工后的试样残余拉应力转化为残余压应力，不同方向上的残余压应力大小和分布深度也不同。分析认为，等离子喷涂陶瓷涂层中存在较多的孔隙、细小裂纹等微观缺陷，常温超声滚压后能够较好地改善涂层内部的微观组织缺陷，同时形成有益的残余压应力。200 ℃超声滚压后，试样表面残余压应力增加的原因一般是加热试样具有更大的塑性变形效果，同时高温效应也促进了应力波的传播，高温辅助超声滚压涂层导致了更加明显的大塑性变形、组织细化及硬化层加深。图5-3中的表面残余压应力数值与滚压温度(25 ℃～600 ℃时)成正相关，在600 ℃后开始下降，这主要是因为滚压温度升高有利于使材料在滚压过程中的塑性变形更加剧烈，位错密度增加，残余应力升高；另外，当温度过高时，金属原子的活力增强，材料更容易向平衡状态转变，表现为动态再结晶，残余压应力和加工硬化层容易发生热松弛，因此可能导致残余应力下降。

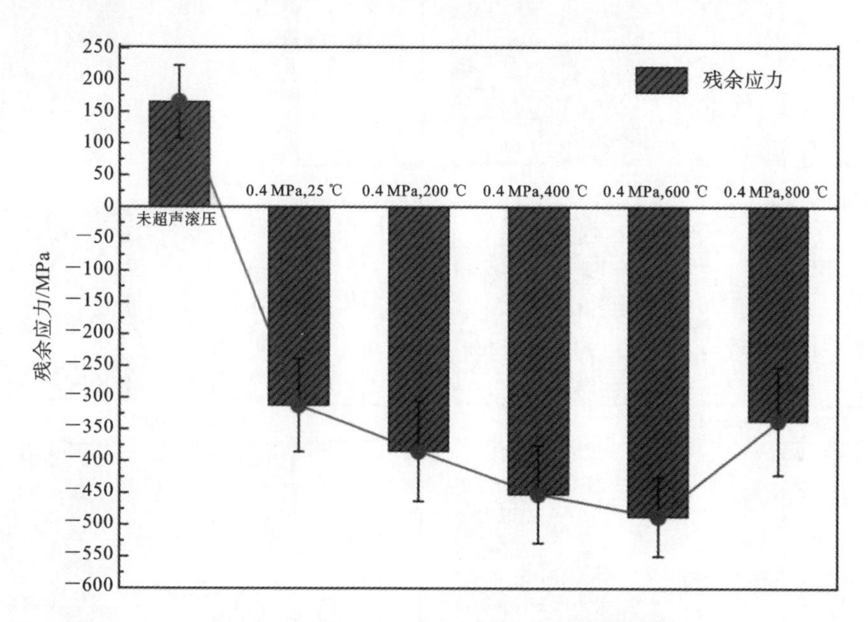


**图5-3　超声滚压前后试样表面平均残余应力**

## 5.4　孔隙率及孔隙率演变分析

经ImageJ2x软件处理图像灰度刷选后得到涂层照片，与未滚压试样相比发现，经常温超声滚压后的试样涂层孔隙率降低，不同温度下的超声滚压试样涂层孔隙率呈现不同的变化规律，且在高温辅助超声滚压下具有最佳工艺参数。根据工艺参数结合超声滚压塑性强化、晶粒细化、微观改善等机理分析微观组织的变化过程。

图 5-4 为不同工艺参数条件下制备的陶瓷涂层孔隙分布图，其中包含经 ImageJ2x 图形处理软件处理后的等离子喷涂磨削未滚压态、常温超声滚压及高温辅助超声滚压后的涂层孔隙分布灰度图照片。为减小误差，每组测试 5 次取平均值，得到如图 5-5 所示的不同工艺参数条件下制备的陶瓷涂层孔隙率测定结果。相比于未处理试样，经常温超声滚压和高温辅助超声滚压的涂层孔隙率都得到降低，在 0.4 MPa，600 ℃条件下进行高温辅助超声滚压后，孔隙率呈现大幅度下降趋势，由未超声滚压处理试样的 5.3%减小到 1.84%，减少了 65%。

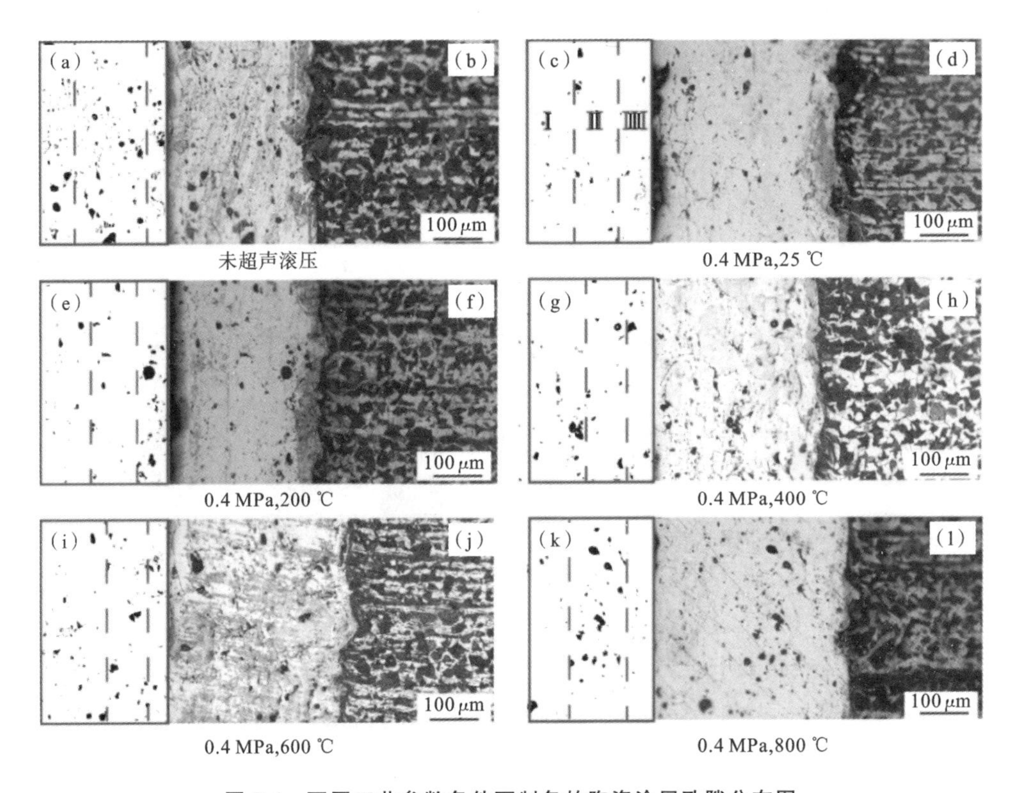


**图 5-4　不同工艺参数条件下制备的陶瓷涂层孔隙分布图**

(a,c,e,g,i,k)涂层灰度图；(b,d,f,h,j,l)界面形貌

通过分析，原始试样气孔的形成原因有：① 在对 45 钢基体进行等离子喷涂时，高温熔融颗粒经过高速喷射、撞击变形、逐层堆积、凝固成形、快速冷却后，喷射颗粒出现不均匀排布和大量未熔、难熔颗粒及熔化颗粒的冷却收缩，形成高孔隙率涂层；② 高温等离子束在沉积到基材过程中，会与周围气体产生化学反应，当高速撞击到已有基材或上一层沉积表面时，会因反弹而丧失部分颗粒，此时涂层会出现杂质和缺陷孔隙；③ 当高温熔融材料在基体快速凝固过程中，由于两种材

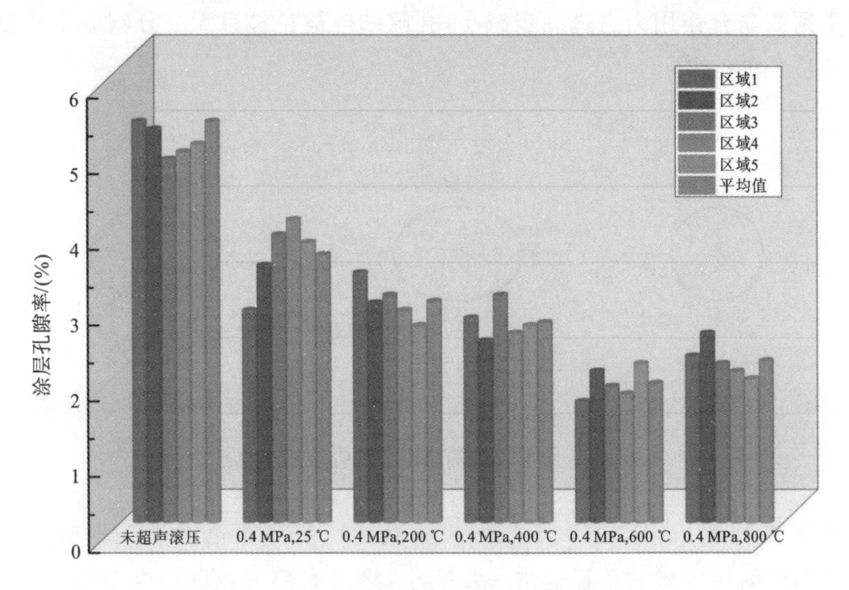


图 5-5　超声滚压前后涂层孔隙率测定结果

料的物理属性的差异造成组织流动性差异，喷射粒子在沉积堆垛过程中会形成层状结构和产生微观孔隙等缺陷。

分析涂层致密度提高的原因为：在超声滚压加工过程中，超声能量通过超声加工系统传递至试样表面，待滚压试样受到原始静压力和周期性的动态冲击载荷，材料表面发生弹性和塑性变形，涂层材料在连续的滚挤压过程中产生塑性流动，晶粒形态细小化，涂层次表层区域孔隙愈合或减小，同时在涂层材料的波峰与波谷之间形成“削峰填谷”，达到表面光整效果。在温度场作用下的超声滚压具有更大的塑性变形可能性，使得颗粒重新排布，在塑性流动中填充等离子喷涂形成的架空及凹陷，有效改善了涂层组织性能，提高了涂层的致密度。由于涂层受到力的作用及温度热效应的影响，孔隙沿表层至基体呈梯度减弱趋势，涂层孔隙产生压缩或者愈合，相比于未超声滚压处理试样，常温超声滚压试样在涂层次表层剧烈塑性变形区域Ⅰ的孔隙进一步减小，在中间层中等变形区域Ⅱ的孔隙也得到减小，涂层底部微变形区域Ⅲ的影响范围变大。同时加热温度促进了涂层材料的塑性变形和加工硬化，有助于得到更细小的晶粒尺寸、更深的变形层厚度及更深的区域Ⅰ的孔隙影响效果，其中涂层次表层区域Ⅰ的孔隙演变机理如图 5-6 所示，涂层孔隙经历了压缩、分割、剪切、分散等过程，孔隙先后经历线条状压缩和孔隙离散分布的过程，最终演变为球状小孔隙，孔隙受到的超声冲击力、挤压力及切应力联合作用随着距离涂层深度变化呈减弱效果，当距离涂层的距离进一步加深，孔隙受到的联合作用力也进一步减小，孔隙结构被拉长且无法分割成小孔隙，进而形成长条状孔隙。

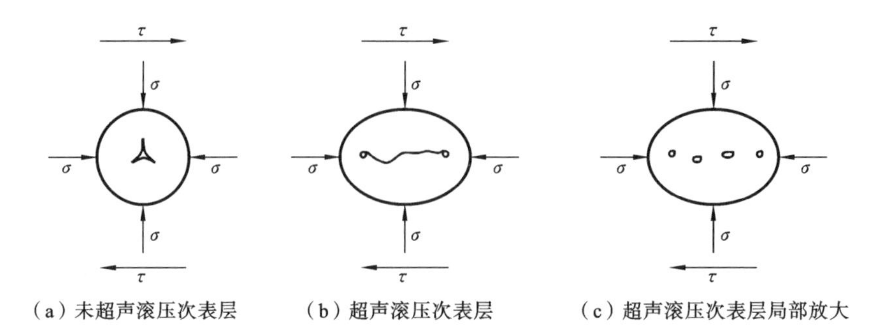


**图 5-6　涂层次表层区域Ⅰ的孔隙演变机理**

随着温度的升高，涂层次表层区域的孔隙改善分布范围进一步增大，且在次表层和中间层区域的孔径也进一步减小，涂层底部区域的影响范围呈不明显变化规律，高温辅助下的超声滚压进一步改善了表面组织形态，在 0.4 MPa，600 ℃条件下的孔隙率最低，减小了涂层内部孔隙率，且因高温环境下超声滚压后更深的塑性变形和应力场，孔隙改善的分布区域也变得更大。但这不是说温度越高越好，过高的温度会导致材料表面应变能降低，会使涂层中部区域的孔隙稍变大且椭球形和细长状的孔隙增多，为改善材料硬度和残余应力带来负面影响。

## 5.5　温度对 Ni/WC 涂层摩擦学特性的影响

### 5.5.1　摩擦因数

图 5-7 为超声滚压前后试样的摩擦曲线，可以看出未处理试样和不同温度超声滚压试样的平均摩擦因数出现不同程度的变化，但在磨损期间基本都是从某一数值突升到极大值再逐步减小并趋于稳定的过程，这刚好与材料的微动磨损过程对应。在第一阶段，材料表层的微凸体受到主要摩擦作用，接触部位形成点焊，表面粗糙度急剧增大；在第二阶段，其接触部位涂层材料开始持续剥落、氧化，涂层

表面因积累损失形成的磨屑层进一步与摩擦部位接触，此时磨损接触界面为微凸体与磨屑层，摩擦因数降低；在第三阶段，摩擦因数趋于稳定。磨损表面通常存在机械啮合和分子吸引力作用，可用摩擦学原理来说明，公式如下：

$$\mu=\frac{F}{W}=\frac{SA}{W} \tag{5-2}$$

式中：$\mu$——摩擦因数；

$F$——摩擦力；

$A$——实际接触面积；

$W$——法向载荷；

$S$——切应力。

高温辅助超声滚压试样表面硬度较高，表面平整，因而承载能力较好，接触区域面积也较小，由公式(5-2)可知未滚压处理试样的表面较粗糙，硬度较低，摩擦因数在顶峰时为0.74，稳定后为0.53。经常温超声滚压后，试样表面粗糙度降低，接触面积减小，表面硬度提升，摩擦因数稳定后降低至0.10；经高温超声滚压后，平均摩擦因数进一步降低，在0.4 MPa、600 ℃时，平均摩擦因数最小，其值为0.034，摩擦因数相比于磨削后未超声滚压涂层和常温超声滚压涂层分别减少了93.6%和66%，且进入稳定磨损阶段的时间最早。分析认为，该条件下的微观形貌得到了较好改善，减少了磨损中的磨合时间。在0.4 MPa、800 ℃时摩擦因数上升，这可能与其组织结构、表面质量的改善效果降低有关。

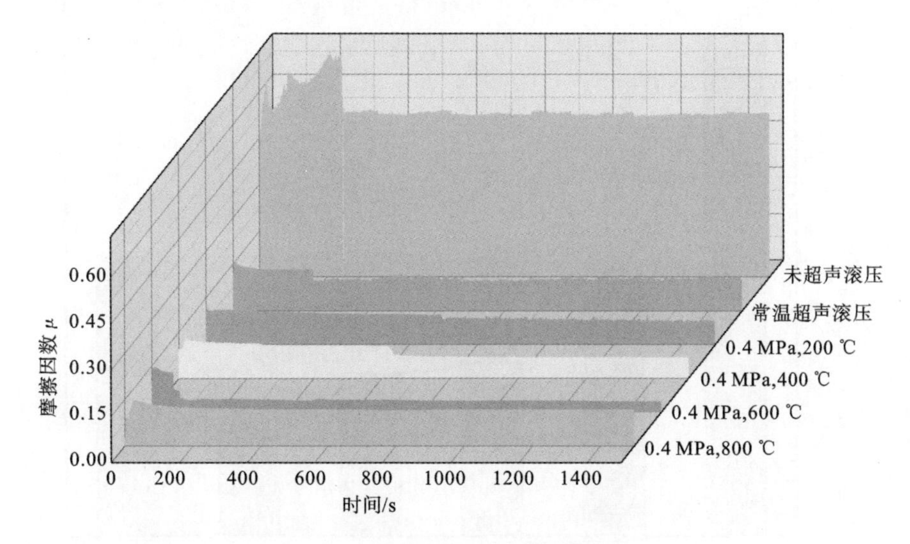


图 5-7　超声滚压前后试样的摩擦曲线

## 5.5.2　磨损量

磨损是滑动的摩擦副与接触表面持续损伤的动态过程，通常伴随着力场作用与高温热传导过程，这一系列的摩擦过程影响着磨损体积的变化。超声滚压前后试样的磨损失重结果如图 5-8 所示，由图 5-8 可以看出：未超声滚压试样和 0.4 MPa，25 ℃～800 ℃试样的涂层磨损失重结果分别为 13.2 mg，6.4 mg，4.6 mg，4.2 mg，2.8 mg，7.0 mg。随着温度的升高，磨损失重呈现先减小后增大的规律，其中 0.4 MPa，600 ℃下的高温辅助超声滚压涂层磨损失重(2.8 mg)约为未超声滚压涂层磨损失重(13.2 mg)的 21.2%，约为常温超声滚压(0.4 MPa，25 ℃)涂层磨损失重(6.4 mg)的 43.8%，磨损失重相比于磨削后未超声滚压涂层和常温超声滚压涂层分别减少了 78.8%和 56.2%，这说明常温超声滚压后涂层的抗磨损性能得到一定提升，而高温辅助超声滚压涂层与常温超声滚压涂层相比更具有优异的滑动性和耐磨性，这可能是因为高温辅助超声滚压工艺除了有辅助加热温度的热效应，还有加工过程中滚压球的摩擦生热，其引起的温度升高会使涂层发生更大的塑性变形，改善了涂层的表面完整性，产生了更多的软硬质相，因此

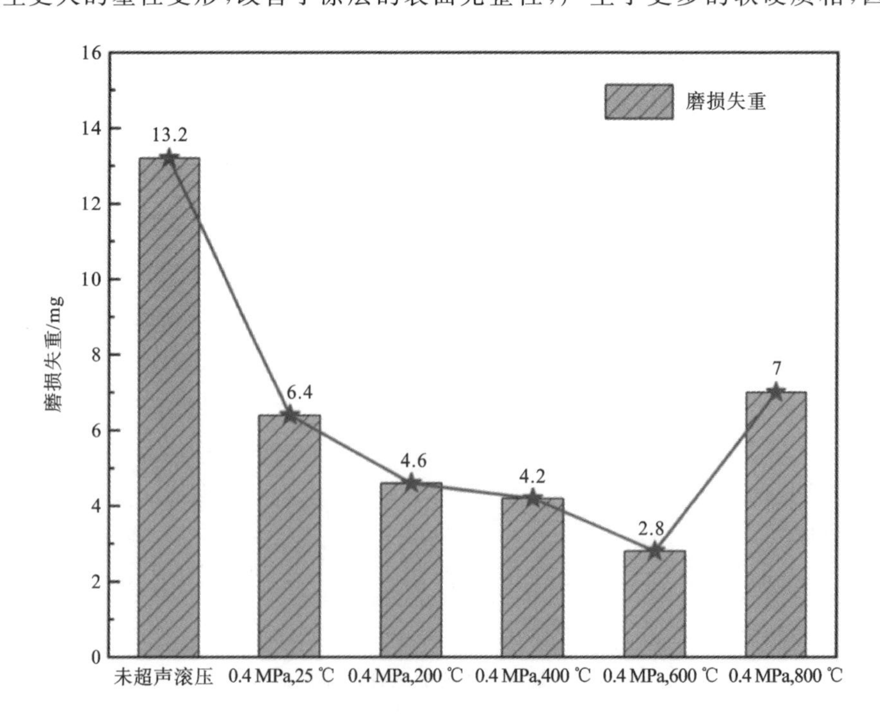


图 5-8　超声滚压前后试样的磨损失重

在磨损过程中，涂层的硬度增强，在微观缺陷少的涂层表面难以产生形变，磨损失重最低。但是，当温度升高到800 ℃时，涂层材料的热松弛会受影响、组织结构会重新排布，从而降低涂层的耐磨性。这表明选择合适的加热温度对超声滚压是很重要的。

### 5.5.3 磨损机理

图5-9为超声滚压前后试样摩擦磨损后的表面SEM形貌图。等离子喷涂磨削后，未超声滚压试样由于其粗糙的原始磨削表面和低硬度特性，磨损后微凸体开始破碎，随摩擦件一起交替作用于摩擦面，涂层表面出现了深凹坑和离散分布的点坑，呈现三体磨料磨损特征；经常温超声滚压后的试样表面可见轻微划痕，由于强化处理后其表面微裂纹和孔洞缺陷进一步消除，表面完整性较未处理试样得到一定改善，磨损面出现深且宽化的犁沟，呈现黏着磨损和磨粒磨损特征；不同温度下超声滚压试样的磨损表面表现出不同的改善效果，其表面形貌在0.4 MPa，600 ℃时具有较为平整光滑的表面形态，点坑减少，磨损表面未见明显宽化痕迹，沟壑较浅。

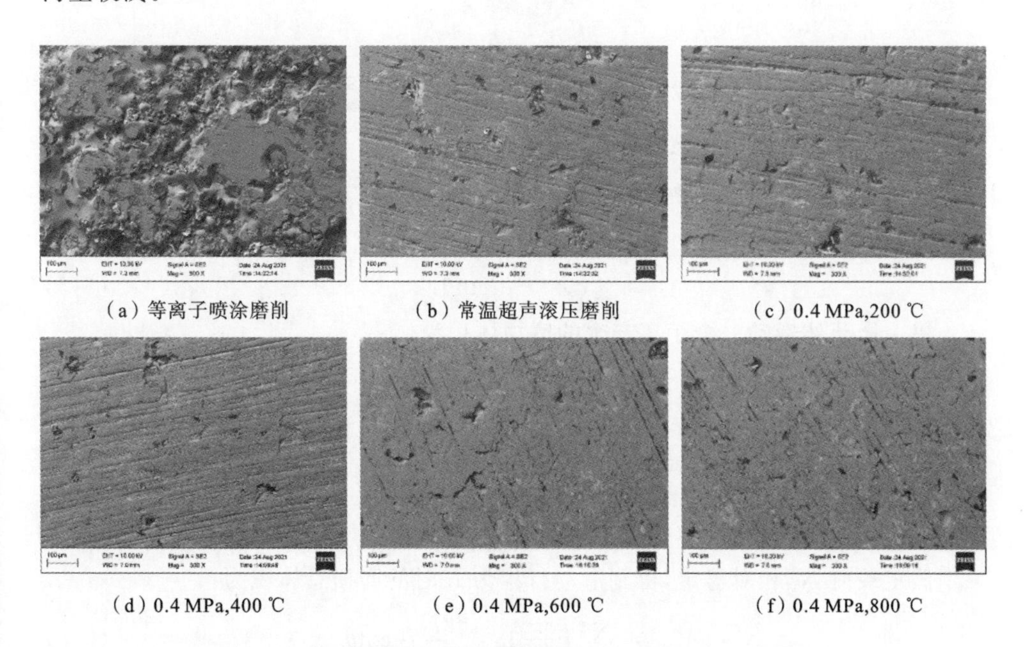

(a) 等离子喷涂磨削　(b) 常温超声滚压磨削　(c) 0.4 MPa,200 ℃

(d) 0.4 MPa,400 ℃　(e) 0.4 MPa,600 ℃　(f) 0.4 MPa,800 ℃

**图5-9　超声滚压前后试样摩擦磨损后的表面SEM形貌图**

### 5.5.4 耐磨性增强机理

在摩擦磨损过程中，存在硬质颗粒或表面微凸体间的摩擦接触，故建立接触模型来解释磨损机理。假设磨件上的微凸体是圆锥形，假定一个简化模型（见图5-10），微凸体顶部为圆锥形状，其圆锥半角为 $\theta$，径向载荷为 $N_i$，微凸体压入材料的深度为 $h$。

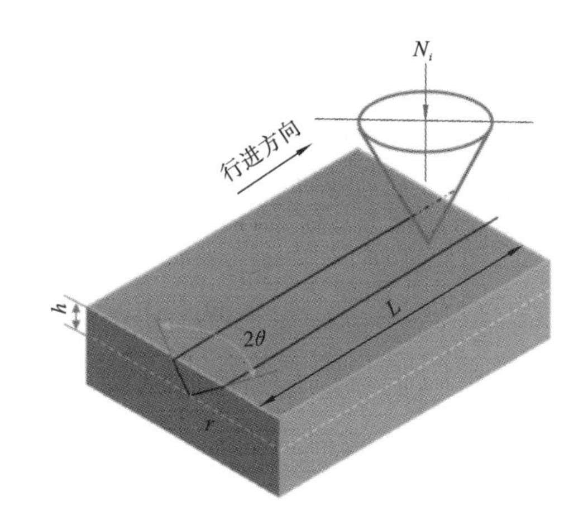


图 5-10 摩擦磨损微凸体接触模型

$$N_i=\pi r^2\sigma_s \tag{5-3}$$

当锥体移动 d$l$ 时，去除材料的体积为 d$\nu$=$rh$d$l$，有

$$h=r\cot\theta \tag{5-4}$$

$$\mathrm{d}\nu=r^2\mathrm{d}l\cot\theta \tag{5-5}$$

单个微凸体滑动一个距离产生的磨损体积为

$$\frac{\mathrm{d}\nu}{\mathrm{d}l}=r^2\cot\theta \tag{5-6}$$

简化得到

$$\frac{\mathrm{d}\nu}{\mathrm{d}l}=\frac{2N_i}{\pi\sigma_s}\cot\theta \tag{5-7}$$

假定载荷 $N_i$ 相对稳定，得到滑动行程为 $L$ 时的磨损总体积为

$$V_{总}=\sum\left(\frac{\mathrm{d}\nu}{\mathrm{d}l}\right)L=\frac{2N_iL}{\pi\sigma_s}\cot\theta \tag{5-8}$$

令 $K=\frac{2\cot\theta}{\pi}$，磨损总体积方程式(5-8)可简写为

$$V_{总}=\frac{KN_iL}{\sigma_s} \tag{5-9}$$

式中：$K$——磨损系数；

$\sigma_s$——材料硬度；

$L$——滑动行程。

由以上磨损体积方程式可知，材料磨损总体积与滑动行程和法向载荷成正比，与材料硬度成反比。通常认为高硬度的材料具有较优异的抗摩擦磨损能力，其磨损体积损失较少。结合磨损失重数值可知原始未超声滚压处理的涂层显微硬度最低，经过常温超声滚压处理后的涂层显微硬度得到大幅提升，随着加热辅助超声滚压温度的升高，涂层显微硬度进一步提升，在 0.4 MPa，600 ℃时涂层具有更高的显微硬度，较高的硬度阻挡了磨粒对表层的压入，减小了摩擦阻力，此时摩擦因数和磨损量最低，在 0.4 MPa，800 ℃时涂层的表面缺陷增加，摩擦因数变大，磨损量随显微硬度降低而增加。有关不同温度辅助超声滚压对涂层显微硬度的影响机制是涂层微观组织结构改善、应变强化、软＋硬质相增强效果等方面联合作用的结果，在前面的章节中已有描述。

综上所述，相比于未滚压、常温超声滚压及高温超声滚压试样，高温辅助超声滚压（0.4 MPa，600 ℃）前后涂层的耐磨性增强机理（见图 5-11）主要是：① 在 600 ℃高温辅助超声滚压过程中，更多的 Fe 和 Cr 固溶于 γ-Ni 基体相，从而促进弥散强化，γ-Ni 转变为[Fe，Ni]固溶体，还生成了更多的 $Cr_7C_3$、$Cr_{23}C_6$、$Cr_3Si$、$Cr_2B$、$Fe_7C_3$ 等硬质相和 $Mn_2B$、$Mn_{23}C_6$、$NiMn_2O_4$、$Ni_3Si$ 等非硬质相，新相与[Fe，Ni]固溶体的结合承受局部载荷，超声滚压涂层磨损表面上的疏松区域和断裂坑受到限制；② 在 600 ℃高温辅助超声滚压后，组织晶粒细化，涂层材料更好地实现了纳米化，形成了梯度纳米结构硬化层，产生了有益的残余压应力，有利于抑制材料的微裂纹扩展，同时在磨损实验中，试样所受摩擦阻力也较小，这与超声滚压前后试样的平均摩擦因数与摩擦失重结果对应；③ 该工艺改善了材料的微观组织缺陷，获得了较好的表面质量，提升了涂层的表面完整性，改变了磨损失效方式，通过内聚强度、硬化层厚度、表面硬度提升和残余压应力转化等方面的协同作用使材料的耐磨性能得到明显改善。但滚压力一定时，温度过高会降低涂层的表面活化能，不利于位错运动的进行，使涂层的表面粗糙度和缺陷增多，硬化层深、表面硬度和残余应力进一步减小，因此，合理控制超声滚压的辅助加热温度对提高材料耐磨性十分关键。

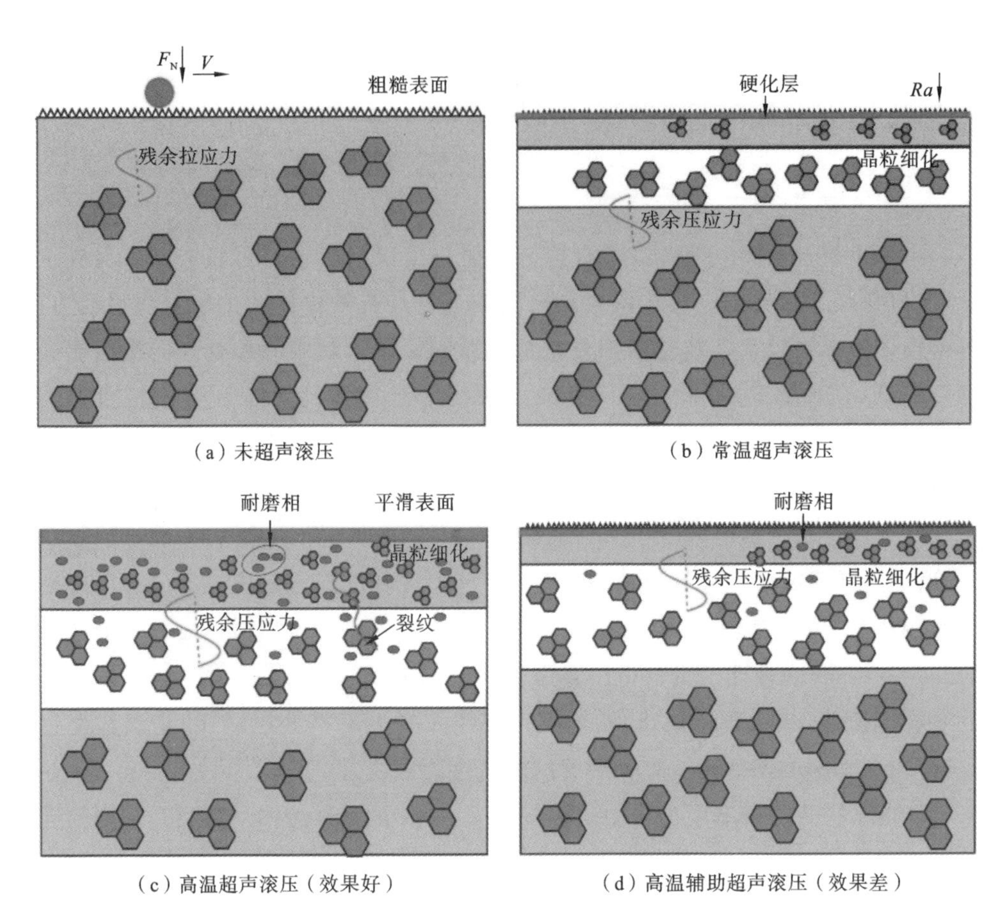


(a) 未超声滚压　　(b) 常温超声滚压

(c) 高温超声滚压（效果好）　　(d) 高温辅助超声滚压（效果差）

**图 5-11　高温辅助超声滚压前后涂层耐磨性增强机理示意图**

# 5.6　本章小结

(1) 磨削后未经过超声滚压处理的试样表面粗糙度较高，进行高温辅助超声滚压后的涂层表面粗糙度相比于未超声滚压试样和常温超声滚压试样明显得到改善，改善效果随温度升高呈先减小后增大的规律，其中在 0.4 MPa，600 ℃条件下，高温辅助超声滚压处理后的试样表面粗糙度值降低至 0.12 μm，较未超声滚压试样的表面粗糙度值降低了 90%，较常温超声滚压试样的降低了 54%。

(2) 未经过超声滚压试样的表面平均残余应力为 165.5 MPa。经常温超声滚压后试样的表面平均残余应力为－312 MPa，残余拉应力转化为残余压应力的同时也增大了应力值大小及应力分布范围。除 800 ℃以外，试样表面的残余压应力数值随着滚压温度的上升而变大，且残余应力分布也变得更加均匀，当温度上升至 800 ℃时，试样表面的残余应力变小且呈不均匀分布。

(3) 随着温度的升高，平均摩擦因数和磨损失重都呈现出先减小后增大的规律，其中 0.4 MPa，600 ℃下的高温辅助超声滚压涂层在磨损试验中获得了较好的摩擦学性能，该条件下的磨损失重(2.8 mg)约为未超声滚压涂层磨损失重(13.2 mg)的 21.2%，约为常温超声滚压涂层磨损失重(6.4 mg)的 43.8%。

(4) 磨削后未超声滚压试样的磨损表面出现了较大裂纹和孔洞，磨损表面出现了深凹坑和离散分布的点坑，呈现三体磨损机理；常温超声滚压后的试样表面可见轻微划痕，磨损面出现深且宽化的犁沟，呈现黏着磨损和磨粒磨损特征；不同温度下超声滚压试样的磨损表面表现出不同的改善效果，其表面形貌在 0.4 MPa，600 ℃时具有较为平整光滑的表面形态，点坑减少，磨损表面未见明显的宽化痕迹，沟壑较浅，磨损机理未改变。

# 第 6 章　高温超声深滚静压力对喷涂金属陶瓷涂层摩擦学性能的影响

## 6.1　静压力对 Ni/WC 涂层显微硬度的影响

在一般情况下，仅仅采用普通的超声深滚就能使材料的表面硬度获得大大的提高，而本书中采用的工艺是基于超声深滚的一种复合加工工艺，对涂层表面的显微硬度会有较大的影响。在材料成形过程中，一般可以用材料加工前后硬度的变化来表征材料在经过加工工艺处理后的加工硬化程度，其具体公式如下：

$$N=\frac{\mathrm{HV}-\mathrm{HV}_0}{\mathrm{HV}_0} \tag{6-1}$$

式中：$N$——硬化程度；

HV——处理后硬度；

$\mathrm{HV}_0$——处理前硬度。

加工硬化能反映材料在经过加工后的塑性变形强弱，还与材料的裂纹、应力松弛和变脆等缺陷有关，而且材料有较高的表面硬度，还能抗腐蚀和磨损等。本书通过探讨不同静压力对改性金属陶瓷涂层表面硬度的影响，一方面从宏观上探讨涂层微晶化的形成机制，另一方面探究其对涂层耐磨损性的影响。不同静压力下改性 Ni/WC 金属陶瓷涂层的表面硬度测量值如表 6-1 所示，四种静压力下的改性金属陶瓷涂层的平均表面硬度分别为 443.87 HV、552.73 HV、637.93 HV、709.56 HV，由此可知随着静压力的增大，涂层的表面硬度逐渐提高。图 6-1 所示的是不同静压力处理前后的表面硬化率，分别为 24.5%(0.2 MPa～0.3 MPa)、15.4%(0.3 MPa～0.4 MPa)、11.2%(0.4 MPa～0.5 MPa)，由此可知随着静压力的增大，涂层表面的硬化率逐渐降低。

表 6-1　不同静压力下改性 Ni/WC 金属陶瓷涂层表面显微硬度测试数据

| 静压力/MPa | 测量硬度/HV | | | 平均硬度/HV |
|---|---|---|---|---|
| 0.2 | 441.6 | 438.7 | 451.3 | 443.87 |
| 0.3 | 549.1 | 550.8 | 558.3 | 552.73 |
| 0.4 | 624.0 | 638.5 | 631.3 | 637.93 |
| 0.5 | 715.3 | 710.5 | 702.9 | 709.56 |

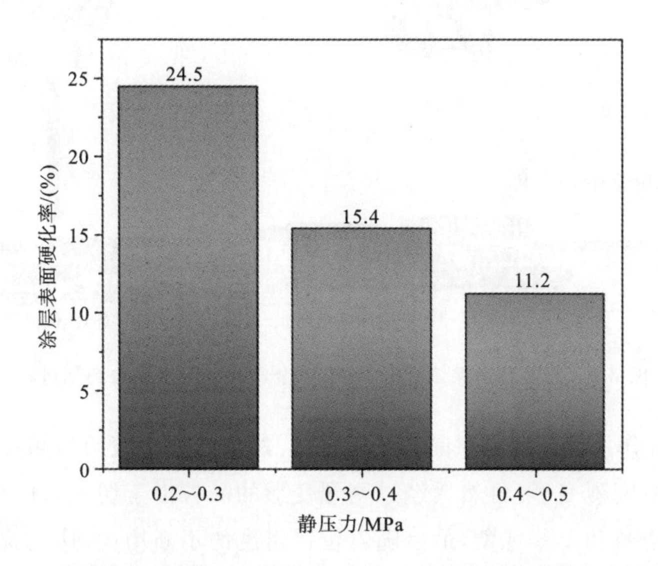


图 6-1　不同超声深滚静压力下改性 Ni/WC 金属陶瓷涂层的加工硬化率

## 6.2　高温超声深滚静压力诱导晶粒细化机理分析

晶粒细化一般可以通过塑性变形和化学沉积来实现，而塑性变形没有材料损失，不会造成断面减薄，不会对材料产生微划伤，而高温超声深滚诱导 Ni/WC 金属陶瓷涂层晶粒细化就是通过塑性变形来实现的，近些年来有不少研究者在这个方面开展了大量的研究。有研究者发现严重变形的材料上包含着高密度的晶体缺陷，如位错和晶界，且溶质原子或杂质与这些缺陷之间的相互作用在晶粒细化机制中发挥着关键作用，例如这些缺陷会影响晶粒的动态回复，还有研究者发现晶粒的细化机制可以是孪晶效应和马氏体相变。Wang 等通过对 40Cr 进行超声深滚，发现超声深滚形变量是诱导晶粒细化的主要机制。龚宝明等对 40Cr 进行超声深滚，发现其晶粒细化机制可归为晶界滑移—晶粒转动—动态再结晶等三个过程。通过研究者的完善和分析，可知高温超声深滚对 Ni/WC 涂层的晶粒细化机理如图 6-2 所示。

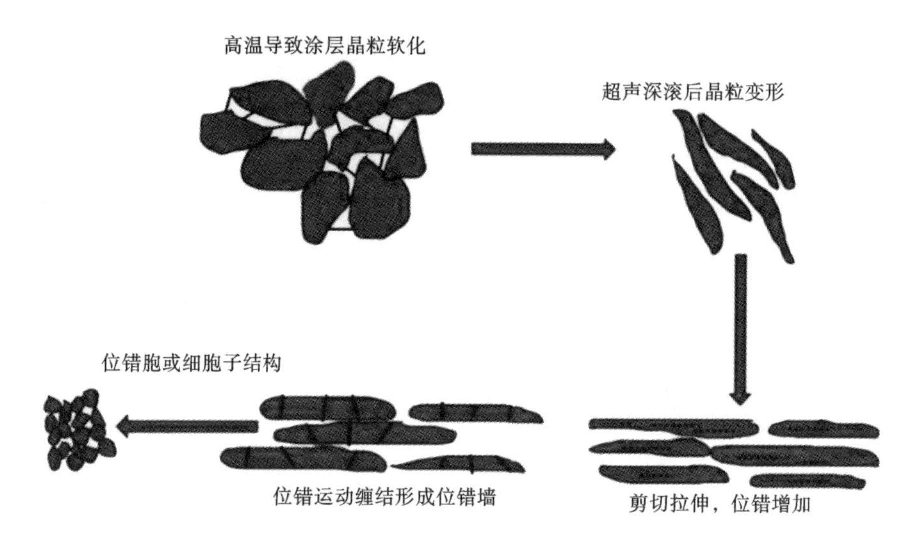


**图 6-2　高温超声深滚诱导 Ni/WC 金属陶瓷涂层晶粒细化过程**

首先高温作用会导致涂层晶粒发生软化，然后超声深滚的高频冲击会使涂层表层晶粒发生剧烈变形，再然后经过剧烈变形的晶粒由于切应力的作用，其内部发生了位错增殖和滑移现象，最后随着位错密度的不断增大，这些位错开始相互缠结塞积而形成位错墙、位错胞等，从而将晶粒细化。

Y. Estrin 等基于传统的 Kocks-Mecking 模型提出一种塑性变形的唯象学处理方法，统一描述材料在动态载荷和高温蠕变耦合情况下的塑性变形情况。

$$d=K/\sqrt{\rho} \tag{6-2}$$

式中：$d$——晶粒尺寸；

$K$——温度；

$\rho$——位错密度。

如图 6-3 所示，可将超声深滚稳恒静压力和动态冲击力合成为一个表面原点上的集中力 $P$，根据 K-M-E 本构方程可得出表面残余压应力和位错密度 $\rho$ 的关系如下：

$$\sigma_x=\frac{P}{2\pi}\left[\frac{(1-2\nu)}{r^2}\left\{\left(1-\frac{z}{p}\right)\frac{x^2-y^2}{r^2}+\frac{zy^2}{\rho^3}\right\}-\frac{3zx^2}{\rho^5}\right] \tag{6-3}$$

$$\sigma_y=\frac{P}{2\pi}\left[\frac{(1-2\nu)}{r^2}\left\{\left(1-\frac{z}{p}\right)\frac{y^2-x^2}{r^2}+\frac{zy^2}{\rho^3}\right\}-\frac{3zy^2}{\rho^5}\right] \tag{6-4}$$

$$\sigma_z=-\frac{3P}{2\pi}\frac{z^3}{\rho^5} \tag{6-5}$$

$$\tau_{xy}=\frac{P}{2\pi}\left[\frac{(1-2\nu)}{r^2}\left\{\left(1-\frac{z}{p}\right)\frac{xy}{r^2}+\frac{zy^2}{\rho^3}\right\}-\frac{xyz}{\rho^5}\right] \tag{6-6}$$

$$\tau_{xz}=-\frac{3P}{2\pi}\frac{xz^2}{\rho^5} \tag{6-7}$$

$$\tau_{yz}=-\frac{3P}{2\pi}\frac{yz^2}{\rho^5} \tag{6-8}$$

$$\rho=(x^2+y^2+z^2)^{1/2} \tag{6-9}$$

$$r^2=x^2+y^2 \tag{6-10}$$

式中：$P$——集中力；

$\rho$——位错密度；

$\nu$——涂层材料的泊松比。

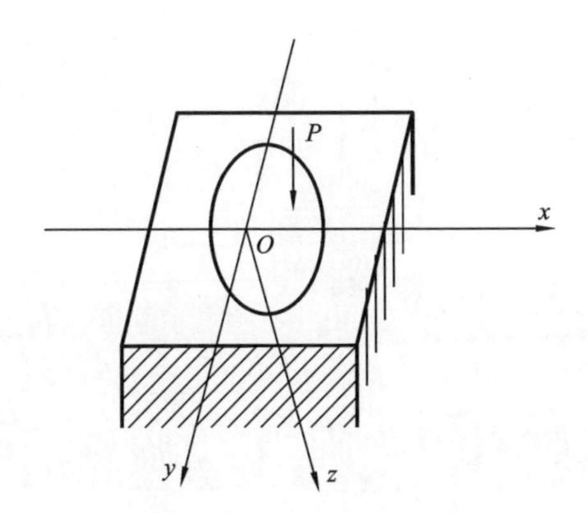


图6-3　超声深滚作用力下的受力分析示意图

涂层需要产生塑性变形而获得晶粒细化，根据弹塑性力学的知识，其应该满足米塞斯屈服准则：

$$(\sigma_x-\sigma_y)^2+(\sigma_y-\sigma_z)^2+(\sigma_z-\sigma_x)^2=2\sigma_s^2 \tag{6-11}$$

式中：$\sigma_s$——涂层材料的屈服极限。

从上述公式可以看出，通过位错密度这个中间量，建立起了超声深滚静压力与晶粒尺寸之间的关系，从而探讨高温超声深滚诱导晶粒细化现象。首先可以看出随着静压力的不断增大，材料各个方向的应变不断增大，促使位错密度不断增大，从而使得涂层晶粒细化。其次高温作用导致涂层表面发生软化，在相同作用力下增大了下压量，导致位错密度增大，从而使得涂层晶粒得到细化。

# 6.3 静压力对 Ni/WC 涂层表层残余应力的影响

基于试验的加工过程，建立了一个加工运动模型如图 6-4 所示，该试验是将一个喷有 Ni/WC 涂层的 45 钢圆环经过电阻丝加热后，将其安装在车床上用滚珠进行超声深滚。圆环的初始高度为 $H_1$，在车床的作用下沿 $x$ 轴方向回转，而滚珠在超声波的作用下分别进行上下振动和扭转振动，同时在车床的作用下对圆环喷有涂层的表面施加了一个静压力 $F$，名义滚压深度为 $H_1-H_2$。即纵向振动为 $f_a=a\sin(2\pi ft)$，扭转振动为 $f_b=b\sin(2\pi ft)$。如图 6-5 所示，本书通过对超声深滚的滚珠与圆环滚压处的点 $P$ 进行运动学分析，进而探讨经过超声深滚后该点的残余应力变化。

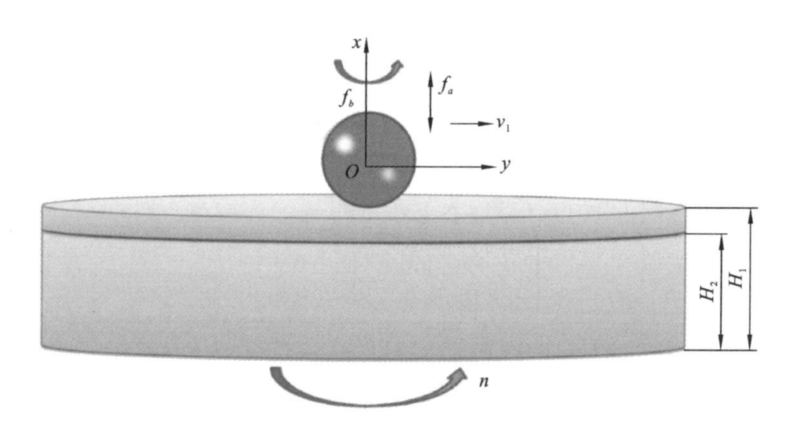


图 6-4 超声深滚加工运动模型

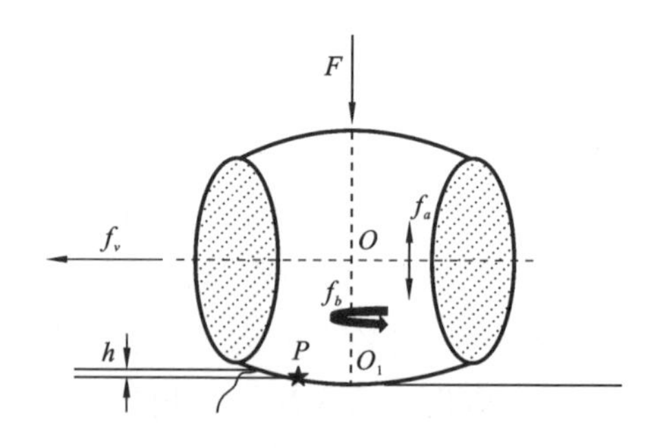


图 6-5 点 $P$ 的运动模型

设图中的点 $P$ 为滚珠与圆环接触点，且与滚珠轴线 $OO_1$ 在同一个平面上，其滚压深度为 $h$，可知 $0\leqslant h\leqslant H_2-H_1$，通过对点 $P$ 进行速度分解，可以分解成如下几个运动：一是由于超声纵向振动引起的上下运动，二是由于超声扭转振动引起的沿滚珠中心轴的圆周运动，三是由于车床转动引起的沿车床中心轴的旋转运动。首先设点 $P$ 绕自身圆心轴的旋转半径为 $r_x$，转过的角度为 $\theta_x$，绕车床中心轴的旋转半径为 $r_y$，转过的角度为 $\theta_y$，即有

$$OO_1=\left[\frac{d}{2}-(H_2-H_1-h)\right] \tag{6-12}$$

$$r_x=O_1P=\sqrt{\frac{d^2}{4-OO_1^2}} \tag{6-13}$$

$$\theta_x=\phi(t)=b\sin(2\pi ft) \tag{6-14}$$

$$r_y=\frac{s}{2}+[(S-s)/2]/2 \tag{6-15}$$

$$\theta_y=2\pi nt \tag{6-16}$$

由此可以得到三个方向上的运动学位移方程如下：

$$x=a\sin(2\pi ft)-OO_1[1-\cos\theta_y] \tag{6-17}$$

$$y=r_x\cos\theta_x \tag{6-18}$$

$$z=\cos\theta_y \tag{6-19}$$

式中：$x$——超声纵向振动位移；

$y$——超声扭转振动位移；

$z$——车床引起的沿车床中心轴的旋转位移 ；

$a$，$b$——超声振幅，某种机械结构耦合使得两者振幅关系大概为 $a=5b$；

$f$——频率；

$n$——转速；

$d$——滚珠直径；

$OO_1$——滚压圆面的圆心与滚珠球心的轴线距，为一定值；

$S$——圆环外径；

$s$——圆环内径。

然后对圆环进行静力学分析，可知在滚压方向圆环受到了一个稳恒静压力的作用，设该静压力为 $F_s$，然后还受到了由于滚珠的上下振动而形成的可变冲击力，设该力为 $F_t$。通过查阅相关资料建立其力学模型如图 6-6 所示，滚珠在对圆环进行滚压时两者接触面由于上下振动和稳恒静压力的作用，其滚压形状呈圆锥状。

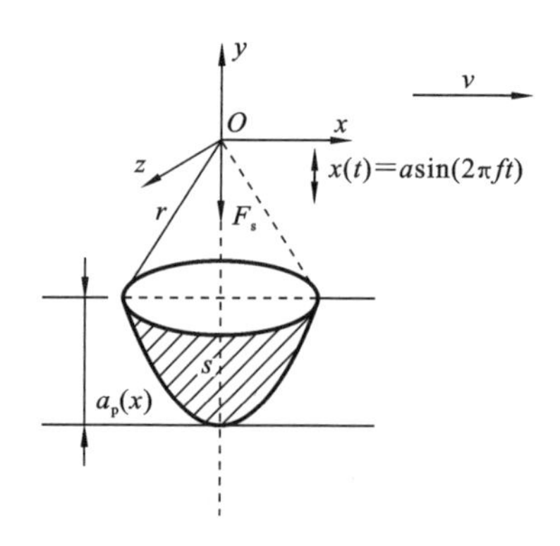


图 6-6　超声深滚力学模型

由微积分的知识很容易求出：

$$S=\pi r a_p(x)=\pi\,\frac{d}{2}[a_p+a\sin(2\pi ft)] \tag{6-20}$$

式中：$S$——滚珠撞击圆环表面涂层所产生的压痕面积；

$a_p(x)$——下压量；

$a_p$——超声深滚稳恒静压力所产生的下压量；

$a\sin(2\pi ft)$——动态冲击力所产生的下压量。

滚压处圆环涂层表面所受的动态冲击力是由稳恒静压力和由滚珠上下振动而产生的可变冲击力组成，通过广义牛顿第二定律即可求得涂层表面所受的动态冲击力如下：

$$F=F_s+F_t=F_s+ma_1 \tag{6-21}$$

$$ma_1=m\,\frac{\partial x}{\partial t} \tag{6-22}$$

$$F=F_s+m_1[2a\pi f\cos(2\pi ft)-2\pi OO_1 n\sin(2\pi nt)] \tag{6-23}$$

式中：$m_1$——滚珠质量。

根据材料力学的知识可求得涂层表面在经过超声深滚后，某一点的表面残余压应力为

$$\sigma=\frac{F}{S}=\frac{F_s+m_1[2a\pi f\cos(2\pi ft)-2\pi OO_1 n\sin(2\pi nt)]}{\pi\,\frac{d}{2}[a_p+a\sin(2\pi ft)]} \tag{6-24}$$

由此可以看出当动态冲击力最大，滚珠撞击圆环表面涂层所产生的压痕面积最小时，涂层表面的残余压应力最大。排除滚珠本身材料的物理力学性能，可以得出质量 $m_1$、直径 $d$ 以及频率 $f$ 均为定值，因此在进行超声深滚加工时，超声深滚所产生的残余压应力主要与稳恒静压力 $F_s$、振幅 $a$、下压量 $a_p(x)$、滚压时间 $t$

以及转速 $n$ 有关。很明显由于高温作用，涂层的表面会产生软化现象，由固态变为半固态(喷涂涂层中有 20%～40%的液态及 60%～80%的液态)，因此下压量 $a_p(x)$会增大，从而使得压痕面积增大，表面残余压应力降低；反过来由于高温作用，涂层内部原子的扩散能力增强，从而增大了压应力层的深度。但是通过增大超声深滚静压力可以消除由于高温作用导致的残余压应力下降现象，从而使得涂层表面的残余压应力保持较高的水平，同时还能产生较深的压应力层。在本试验中，滚珠的质量为 $m_1=4.87$ g，$d=15$ mm，分别控制相关变量，假设常温下的下压量 $a_p(x)=0.15$ mm，高温下的下压量 $a_p(x)=0.25$ mm，从而探讨高温作用下增加超声深滚静压力对涂层表面残余压应力产生的影响，其结果如图 6-7 所示。

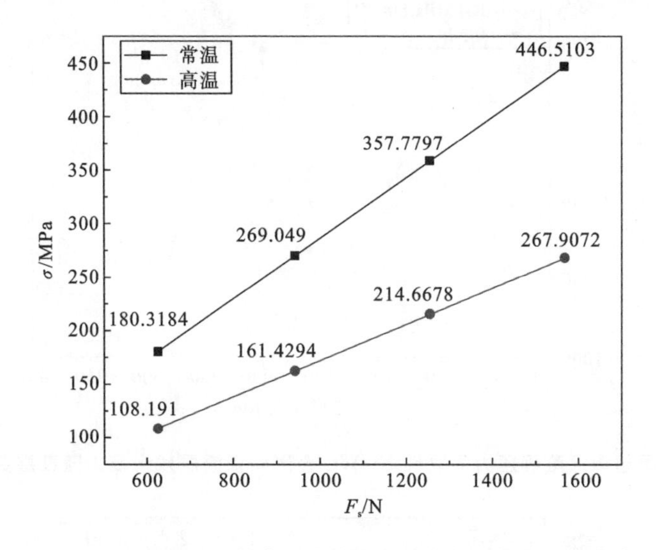


**图 6-7　不同温度下超声深滚静压力对表面残余应力的影响**

在不同静压力下，改性 Ni/WC 金属陶瓷涂层的残余应力随涂层深度变化的情况如图 6-8 所示，由图可知，从涂层表面开始，残余应力就表现为残余压应力，且在一定范围内随着涂层深度的增大，其值也在不断增大，最大值基本都分布在距涂层表面 125 μm 处，随着涂层深度的继续增大，其残余压应力开始逐渐变小，到最后逐步转变为拉应力。另外还可以看出，当静压力为 0.2 MPa 和 0.3 MPa 时，由于静压力较小，其压应力层厚度相对较小，但是随着超声深滚静压力增大至 0.4 MPa 和 0.5 MPa 时，其压应力层的厚度明显增大。图 6-9 所示的是不同静压力下改性 Ni/WC 金属陶瓷涂层的表面残余压应力的 X 射线衍射测量结果。从图 6-9 中可知，四种静压力下的平均表面残余压应力分别为－290.7 MPa、－307.8 MPa、－336.7 MPa、－404.2 MPa。

金属陶瓷涂层在经过改性处理后，其平均表面残余应力均表现为残余压应力，说明复合工艺对金属陶瓷涂层能引起较大幅度的残余压应力，降低孔隙率和裂纹扩展，使涂层的表面性能得到增强，从而改善涂层的综合性能，使得工件的寿命得到了很大的增强。随着静压力的增大，其平均表面残余压应力是逐渐增大的，分析认为随着超声深滚静压力的增大，其滚珠对涂层表面的撞击愈加强烈，产生的塑性变形量越来越大，当卸力之后塑性变形区域的收缩量也越来越大，所以形成的残余压应力也越来越大。

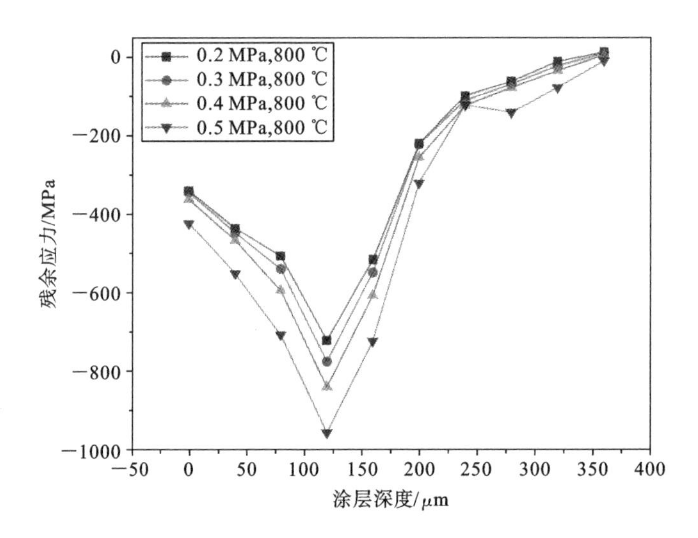


图 6-8　不同超声深滚静压力下改性 Ni/WC 金属陶瓷涂层残余应力随表层变化的情况

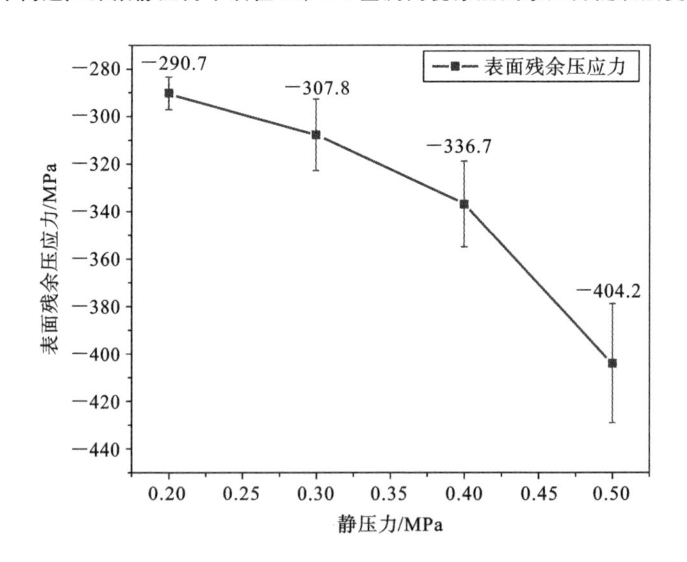


图 6-9　不同超声深滚静压力下改性 Ni/WC 金属陶瓷涂层表面残余压应力

# 6.4　静压力对 Ni/WC 涂层摩擦学特性的影响

## 6.4.1　摩擦因数

图 6-10 所示的是不同静压力下改性 Ni/WC 金属陶瓷涂层磨损试验时的摩擦因数随时间变化的情况。从图中可以看出其曲线呈现阶段性变化，变化趋势大概可分为三个阶段，第一阶段是摩擦因数上升期，这个阶段由于涂层表面材料的氧化导致摩擦因数较低，随着表面氧化物被磨掉，涂层主体 WC 的相对含量逐渐增大，摩擦因数不断上升。当摩擦因数升至极值时开始进入第二阶段跑合期，因为随着磨损的延续，涂层与对磨偶件的磨损不断加剧，随着涂层表面的接触点被不断磨平，摩擦因数开始慢慢下降，最终与对磨偶件之间的摩擦配合达到一个比较好的水平。从图中可以很明显地看出随着静压力的增大，第二阶段持续的时间越来越短，这是因为随着静压力的增大，涂层表面愈加光滑，到达下一阶段的时间就更短。最后便是第三阶段，这个阶段是涂层与对磨偶件处于

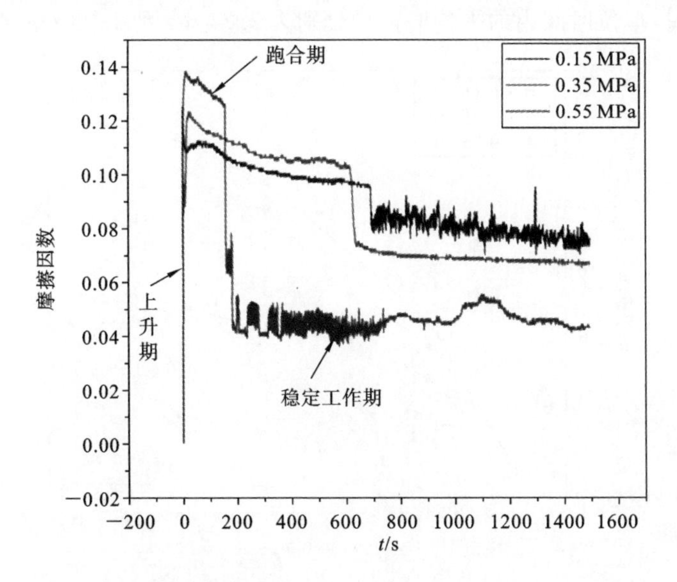


图 6-10　不同超声深滚静压力下改性 Ni/WC 金属陶瓷涂层磨损后的摩擦因数随时间变化的情况

动态稳定的阶段,也就是稳定工作期,从图中可以看出随着静压力的增大,动态稳定值就越低,同时还可以看出当超声深滚静压力为 0.35 MPa 时,其动态稳定的波动值最小,从而说明在此静压力下,工件工作时的摩擦值的变化范围小,较为稳定。

## 6.4.2 磨损量

图 6-11 所示为不同超声深滚静压力下改性 Ni/WC 金属陶瓷涂层对磨样磨损量随时间变化的曲线,从图中可以看出改性 Ni/WC 金属陶瓷涂层的磨损量随时间的推移是不断增加的,且呈现一种明显的阶段性。首先在磨损初期,磨损量增加较快,几乎呈线性增大,随着时间的推移,涂层表面被磨平以后,磨损量增加的幅度会越来越小,然后涂层开始进入正常的磨损状态。随着超声深滚静压力的不断增大,涂层表面的显微硬度是不断增大的,根据黏着磨损理论可知,材料的硬度越大,其体积磨损度就越小,相对于常规的摩擦磨损规律而言,很明显 Ni/WC 金属陶瓷涂层在经过改性处理后确实能增强其耐磨性。而且还可以看到当静压力为 0.15 MPa 时,单位时间内的平均磨损量为 2.64 mg,由于静压力较小,改性 Ni/WC金属陶瓷涂层的平均磨损量相对较大,而当静压力增大至 0.35 MPa 和 0.55 MPa 时,单位时间内的平均磨损量分别为 2.24 mg 和 1.38 mg,改性 Ni/WC

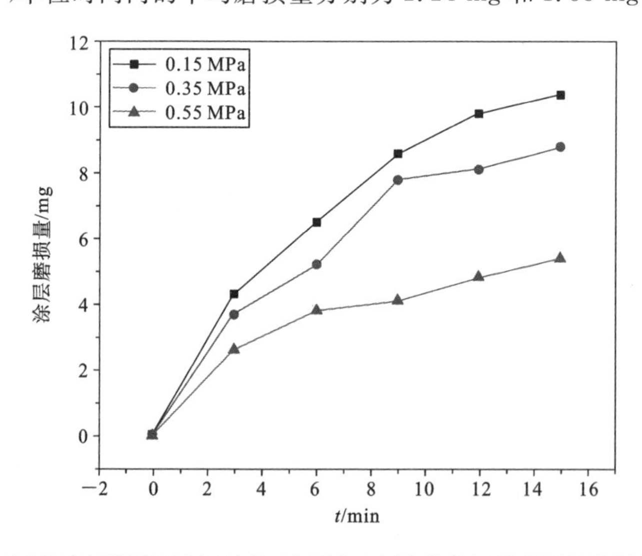


**图 6-11 不同超声深滚静压力下改性 Ni/WC 金属陶瓷涂层磨损量随时间变化的曲线**

金属陶瓷涂层的平均磨损量明显减小，由此可知随着静压力的增大，改性涂层的耐磨性是不断增强的，同时进入正常磨损的时间也越短，这是因为超声深滚静压力越大，表面就越光滑，涂层表面磨平的时间也越短。

## 6.4.3　磨损机理

图 6-12 所示的是不同超声深滚静压力下改性 Ni/WC 金属陶瓷涂层经过摩擦

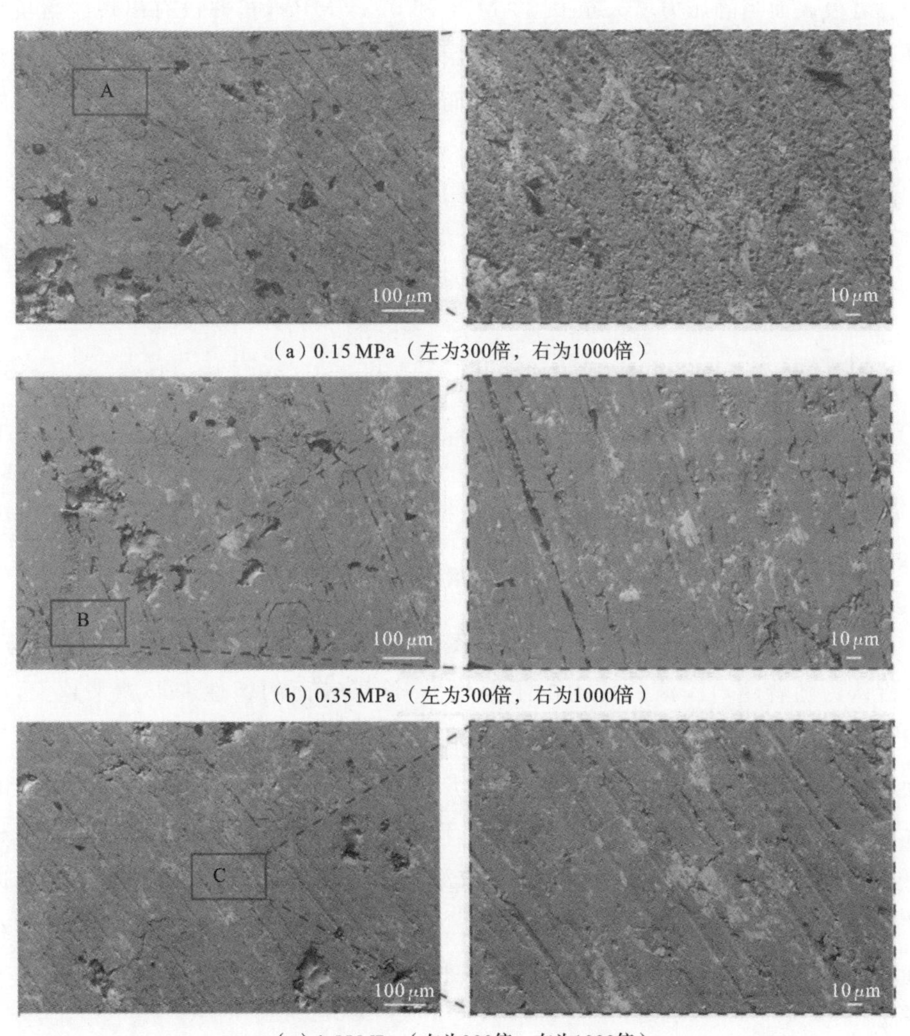


(a) 0.15 MPa（左为300倍，右为1000倍）

(b) 0.35 MPa（左为300倍，右为1000倍）

(c) 0.55 MPa（左为300倍，右为1000倍）

**图 6-12　不同超声深滚静压力下改性 Ni/WC 金属陶瓷涂层表面磨损形貌**

磨损后的表面微观形貌图，从图中可以看出当静压力为 0.15 MPa 时，涂层磨损表面存在较大深度的磨削犁沟，呈现出典型的黏着磨损样貌，还能发现其磨损表面存在大量呈片状的脱落坑，且从高倍镜下可以看出其表面非常粗糙，黏着痕比较明显，所以分析认为当静压力较小时，由于涂层的微观缺陷较多，内聚强度和界面结合强度较低，所以涂层表面的磨损机理表现为磨粒磨损和黏着磨损。图 6-13 所示的是黏着磨损的机理图，从机理图中可以看出，当静压力较小时，由于涂层内部的内聚强度较低，孔隙率较高，若涂层产生摩擦磨损，涂层表面有较大的接触应力，在力的作用下，原本结合强度不高的涂层粒子逐步发生了脱落形成了脱落坑和黏着痕。而当静压力增大至 0.35 MPa 和 0.55 MPa 时，并没有出现脱落坑现象，且表面的磨削犁沟深度明显变浅，涂层的表面形貌显得光滑平整，仅可见摩擦副在相对运动过程中由于发生氧化作用而导致的沟纹和擦伤，从而形成一种槽状磨痕。

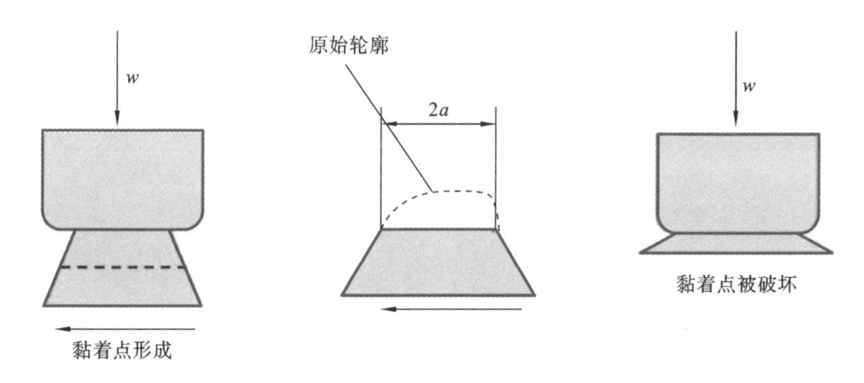


**图 6-13　黏着磨损机理示意图**

图 6-14 所示为 EDS 面扫描图，从图中可发现其表面存在大量的氧元素。分析认为随着超声深滚静压力的不断增大，涂层表面的塑性变形越来越大，出现了加工硬化现象，表面显微硬度随着静压力的增大不断增大，其表面残余压应力也随着静压力的增大不断增大，涂层晶粒得到了细化，晶粒与晶粒之间的结合方式也逐步发生了改变。另外，由于静压力的逐渐增大，在涂层磨损过程中，接触表面的摩擦力也逐渐增大，导致涂层表面温度升高，从而使得涂层表面发生了氧化磨损。综合分析可知：改性 Ni/WC 金属陶瓷涂层表面的磨损方式由黏着磨损和磨粒磨损转变为磨粒磨损和氧化磨损，涂层的表面粗糙度值大大降低。

(a) 0.15 MPa,200 ℃

(b) 0.35 MPa,200 ℃　　(c) 0.55 MPa,200 ℃

图 6-14　不同超声深滚静压力下改性 Ni/WC 金属陶瓷涂层摩擦磨损后的 EDS 面扫描图

# 6.5　本章小结

(1) 经高温超声深滚表面改性后的 Ni/WC 涂层的表面显微硬度随静压力的增大而增大,但 Ni/WC 涂层的加工硬化率随静压力的增大而降低。

(2) 经高温超声深滚表面改性后的 Ni/WC 涂层表层残余应力表现为压应力,残余压应力值在距表层约 125 μm 处最大,表层平均残余压应力随静压力的增大而增大,残余压应力层深度随静压力的增大而加深。

(3) 随着超声深滚静压力的增大,Ni/WC 涂层的磨损过程逐渐趋于平稳,其平均摩擦因数逐渐降低,平均摩擦因数分别为 0.076、0.067 和 0.043。涂层的平均磨损量随超声深滚静压力的增大而减小，单位时间内的平均磨损量分别为 2.64 mg、2.24 mg、1.38 mg。

(4) 在较低静压力(0.15 MPa)下，其磨损方式表现为磨粒磨损和黏着磨损；随着超声深滚静压力的不断增大(0.35 MPa、0.55 MPa)，其磨损方式开始逐渐转变为磨粒磨损和氧化磨损。

# 第7章　高温超声深滚下压量对喷涂金属陶瓷涂层摩擦学性能的影响

## 7.1　下压量对 Ni/WC 涂层表面粗糙度的影响

工件表面粗糙度大幅度下降的原因：一方面，在超声深滚作用下，表面的凸峰材料被挤压填入凹谷，消除表面磨削留下的加工痕迹；另一方面，在超声深滚高频冲击作用下，工具头间歇性接触涂层表面，从而大大减小了工具头与涂层表面的摩擦力，避免了在试样表面留下加工痕迹。图 7-1 为材料表面粗糙峰弹塑性变形示意图，表面粗糙峰受挤压力 $F$ 发生变形量 $\delta$，挤压结束后粗糙峰的回弹量为 $\delta_r$。

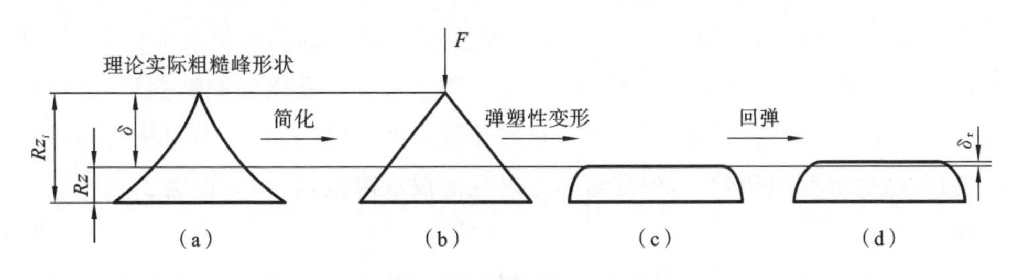


图 7-1　粗糙峰变形示意图

对涂层采用了不同的后处理参数，各试样的表面粗糙度对比情况如图 7-2 所示。其中未处理、未超声深滚、室温超声深滚以及高温不同下压量超声深滚试样的表面粗糙度值分别为 $Ra1.36$ μm、$Ra0.85$ μm、$Ra0.63$ μm、$Ra0.47$ μm、$Ra0.34$ μm 和 $Ra0.39$ μm，根据表面粗糙度变化规律可知，未处理涂层表面粗糙度最高，经过磨削之后大幅度降低 37.5%。对未超声深滚涂层表面在相同下压量（0.20 mm）情况下分别进行室温和高温超声深滚，在高温超声深滚后表面粗糙度更低。原因在于高温条件下涂层变形抗力降低，延展性提高，变形程度增加。逐渐增加高温超声深滚下压量发现表面粗糙度的变化规律为先减少后增大。超声深滚对表面起着“削峰填谷”的效果，改善程度主要与静载荷以及下压量息息相关，但是过大的静载荷冲击会导致表面过度硬化，从而出现波浪、鳞片等现象。

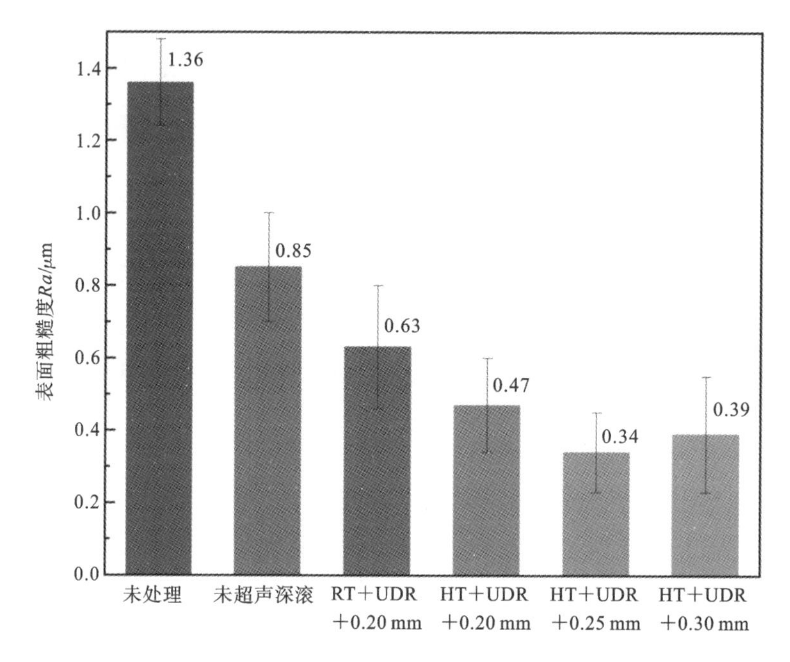


**图 7-2　不同后处理参数下 Ni/WC 涂层表面粗糙度**

在高温超声深滚作用下，保持较大的下压量可以起到提升静载荷的效果，同时也能避免瞬态冲击对表面的损害。涂层在整个过程中发生弹塑性变形，表面和亚表面产生晶格畸变，积累大量位错，这些位错会产生“钉扎效应”，阻止材料进一步变形，造成形变强化效应，但随着加工过程的温度降低，涂层表面会出现一定的回弹。

Lars Hiegemann 结合 Hertz 接触理论，得出滚压后试样的表面粗糙度表达式为

$$Rz_1 = Rz_0\left(1-\left(\frac{2}{3}\sqrt{\frac{6F\left(1-\dfrac{f^2}{d_t^2}\right)}{\pi d_t^2 \sigma_{f_0}}}\right)\right) \tag{7-1}$$

式中：$Rz_0$——试样初始的粗糙度；

$Rz_1$——滚压后试样的粗糙度；

$F$——滚压力；

$d_t$——压痕宽度；

$f$——进给速度；

$\sigma_{f_0}$——材料参数。

根据式(7-1)可知，在保持等式右边其他因素不变的条件下，试样表面粗糙度随着滚压力的增加而减小，随着压痕宽度的增加而减小，且高温环境和下压量增大会导致压痕宽度增加。此分析结果与上述试验结果基本符合。

## 7.2　下压量对 Ni/WC 涂层显微硬度的影响

根据图7-3所示的涂层-基体沿深度方向的硬度可知，涂层硬度均高于基体硬度，未处理与未超声深滚涂层截面的硬度无明显变化，经过超声深滚后涂层截面的硬度均有所增加，呈阶梯形分布。未超声深滚涂层截面的硬度约为432.6 HV，室温或高温超声深滚后涂层的硬度有不同程度提升。因为涂层为高密度的熔融体，涂层截面组织的显微硬度与颗粒密度、孔隙分布、弥散硬质相分布密切相关。在超声冲击作用下：一方面，涂层颗粒密度增加，孔隙压缩减小，硬质相分布均匀；另一方面，Ni/WC涂层具有一定的金属强韧性，在高温和力的作用下，表层晶粒细化。

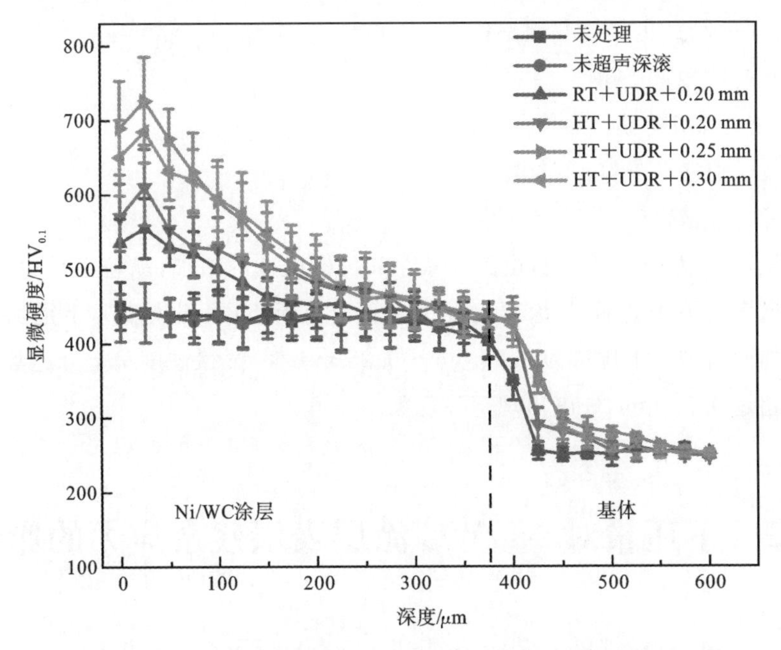


图7-3　不同后处理参数下涂层-基体沿深度方向的硬度

在相同工艺参数下，高温超声深滚后涂层组织硬度均高于室温超声深滚涂层组织硬度，UDR 在涂层表面产生高频冲击，在表面生成加工硬化层和晶粒细化，HT+UDR 加剧了涂层的塑性变形程度，进一步减小了晶粒尺寸。涂层发生弹塑性变形后，截面硬度最大值并不是在表面，而是产生在距离表面 25 μm 处，不同下压量处理后的涂层最大截面硬度分别为 610.5 HV、726.3 HV 和 685.3 HV。

表层的晶粒在高频冲击的作用下细化，当深滚结束后，表面晶粒会出现回弹。与此同时，深滚球与涂层表面接触产生的热量与高温加热残余的热量会促使晶粒长大。而次表层的晶粒受到涂层表面的限制，其回弹受到影响，传播到此处的热量也较小，从而使此处的晶粒永久塑性变形。下一深度的晶粒尺寸不断增加，显微硬度逐渐下降。塑性变形从表面不断延伸到涂层内部，硬度也随涂层深度加深而不断下降，一方面是因为冲击能量随着涂层深度加深而不断衰弱，晶粒细化不断降低；另一方面是因为塑性变形使涂层在表层产生硬化层，阻止位错和滑移，抵抗塑性变形的能力变强。材料强度（或硬度）的提高，主要是由超声深滚冲击下晶粒的细化导致的，强度（或硬度）的计算公式为

$$\sigma_f = \sigma_0 + k(d_{fp})^{-1/2} + \alpha G b \rho^{1/2} \tag{7-2}$$

式中：$\sigma_f$——强度；

$\sigma_0$——摩擦应力；

$k$——Hall-Petch 常数；

$d_{fp}$——位错的平均自由路径；

$\alpha$——常数；

$G$——剪切模量；

$b$——伯格斯矢量；

$\rho$——位错密度。

由式可知，随着位错的平均自由路径减小和位错密度的增加，晶粒大小也减小，显微硬度增大。下压量不同，涂层的硬度变化也有所不同，但硬度并不是随着下压量的增加而增加。下压量为 0.20 mm～0.25 mm 时，显微硬度呈上升趋势。一旦下压量超过 0.30 mm，硬度出现下降现象。

## 7.3 下压量对 Ni/WC 涂层表层残余应力的影响

残余应力对材料疲劳强度和微动磨损起着重要的作用，可以抑制裂纹的产生

和扩展，提高材料的疲劳寿命。热喷涂涂层中的残余应力大部分为拉应力，对涂层的综合性能有不利的影响，其主要来源为淬火应力、热应力以及组织应力。

(1) 淬火应力。

在喷涂过程中，熔融状态的粒子高速冲击基体或涂层，形成扁平状结构，然后再快速凝固，热量急剧散失从而引起的残余应力称为淬火应力。理论证明淬火应力的最大值为

$$R_q = CE_C\alpha_l(T_C - T_S) \tag{7-3}$$

式中：$R_q$——涂层的淬火应力；

$C$——应力系数；

$E_C$——涂层的弹性模量；

$\alpha_l$——线膨胀系数；

$T_C$——涂层材料的熔点温度；

$T_S$——基体温度。

(2) 热应力。

金属陶瓷涂层中合金粉末和陶瓷颗粒的物理性能相差很大，尤其是热膨胀系数和弹性模量，热喷涂过程完成后，涂层仍然处于一个高温状态，由高温冷却至室温的过程中，涂层与基体以及涂层本身材料之间不同的热膨胀系数会产生较大的失配应变，即产生热应力。对于单层涂层的热应力解可近似表示为

$$\sigma_{th} = E_C(\alpha_S - \alpha_C)\Delta T \tag{7-4}$$

式中：$\sigma_{th}$——热应力；

$E_C$——涂层的弹性模量；

$\alpha_S$——基体的热膨胀系数；

$\alpha_C$——涂层的热膨胀系数；

$\Delta T$——温度差值。

(3) 组织应力。

涂层撞击到基体后会不断沉积成形、冷却凝固，由于涂层与基体的材料不同，所以金属基体中常常会发生相变。一般相变过程会发生体积变化，相变区域无论发生膨胀或收缩，相变区域与未发生相变区域都会产生应力，称为组织应力。

根据图7-4可知，未处理涂层和未超声深滚涂层的表面残余拉应力分别为165.5 MPa和160.6 MPa，等离子喷涂Ni/WC涂层形成的过程中，由于急剧冷却散失了大量热量、金属粉末和陶瓷颗粒热膨胀系数的差异大以及组织应力的产生，导致涂层形成了较大的残余拉应力，经过磨削后，涂层表面仍然保留了残余拉

应力。RT＋UDR＋0.20 mm 处理后的涂层表面产生残余压应力(－246.3 MPa)，主要是因为在对涂层进行 RT＋UDR 加工时，滚球上的静载荷和超声波作用使表面材料产生局部的塑性变形，次表层下的面材料发生弹性应变，对表面材料的塑性变形程度有一定的约束作用。在超声深滚下表面则引入了残余压缩应力场，而次表层则产生拉伸应力场，用来平衡涂层表面产生的残余压缩应力场。HT＋UDR＋0.20 mm 处理后的涂层表面残余压应力为－290.9 MPa，相比较于 RT＋UDR＋0.20 mm 处理后的残余压应力提升了 18%，虽然高温会导致涂层内部发生应力松弛现象，但同时使涂层发生更大的塑性变形，位错密度增加。连续的超声冲击逐渐积累，最终汇聚在一起形成动应力波，在高温下增加了其传播深度。

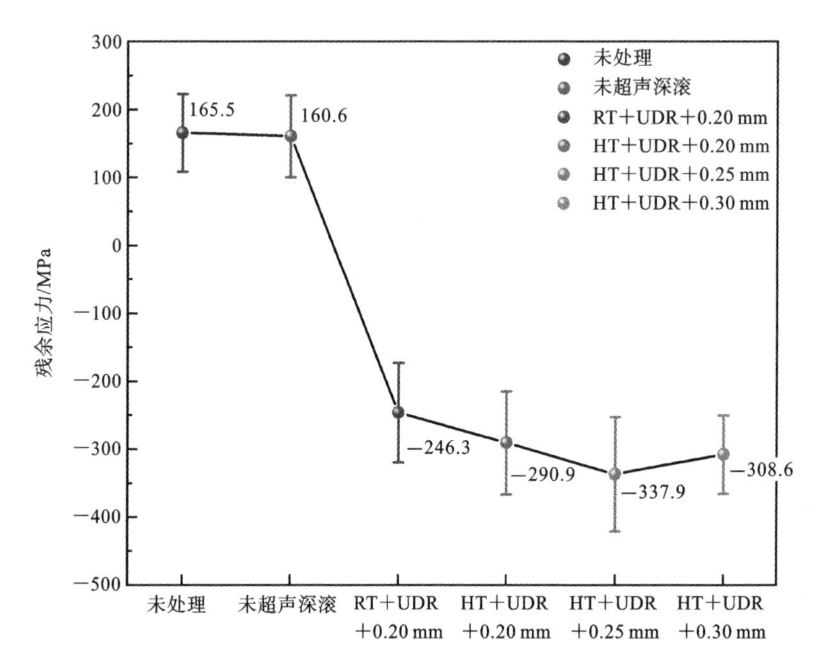


**图 7-4　不同后处理参数下 Ni/WC 涂层表面平均残余应力**

在 HT＋UDR＋0.25 mm 和 HT＋UDR＋0.30 mm 处理下，涂层表面平均残余应力分别为－337.9 MPa 和－308.6 MPa。一般来说，随着下压量的增加会使涂层塑性变形更加剧烈，涂层会产生更大的塑性变形层，引入更高的残余压应力。但下压量过度增大，涂层表面会产生细纹和微裂纹，造成表面动态再结晶行为加剧，使位错密度下降，导致残余应力释放，对材料表面造成很大的危害。因此涂层表面平均残余压应力随下压量的增加，呈先增大后减小的规律。综上所述，采用合适的下压量可以使涂层产生最大的残余压应力，可以进一步提升涂层的抗疲劳性和抗塑性变形能力，从而有效提升材料的耐磨性。

## 7.4　高温超声深滚 Ni/WC 涂层组织强化机理

### 7.4.1　细晶强化机理

金属材料采用超声纳米化技术,使材料表层发生晶粒细化。滑移和孪生是金属材料塑性变形的两种形式,如图 7-5 所示。大量的能量使晶粒发生位错和滑移,位错缠结导致内部位错密度不断增加转变为位错墙,位错在位错墙附近湮灭和重组,位错缠结转化为亚晶界。亚晶界进一步吸收滑移位错并且旋转演变为小角度晶界,从而分割和细化晶粒,小角度晶界转化为大角度晶界,最终在加工表面形成不同晶粒取向的纳米等轴晶。

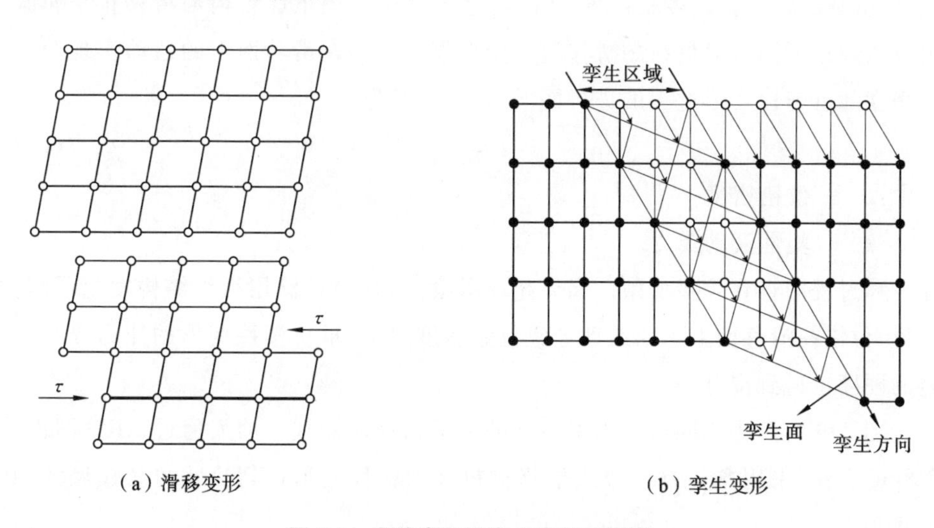


图 7-5　滑移变形和孪生变形示意图

在高温超声滚压过程中,高温使原子活性增强,抵抗位错运动的能力减弱,涂层强度下降,显微硬度减小,晶体内的滑移系运动增多,位错密度增加,晶粒不断细化,此过程即细晶强化机制。由晶界迁移速度和晶粒形变能的关系式可知,材料的晶界迁移速度与晶粒的形变能呈线性关系,同时晶界的扩散系数随着材料加热温度的升高呈指数关系增加,迁移率与晶界扩散系数的关系由 Einstein 公式可知,因此高温超声深滚可以增加晶界的迁移率,也有助于提高材料的塑性变形程度，增加晶界的迁移速度；同时在高温条件下，晶粒内部的滑移机制增多，产生更多的位错滑移。

$$v_{晶界}=B\frac{E_s N_A}{\lambda_{界面}} \tag{7-5}$$

$$B=\frac{D_{晶界}}{kT} \tag{7-6}$$

式中：$B$——迁移率；

$v_{晶界}$——晶界迁移速度；

$E_s$——晶粒的形变能；

$N_A$——阿伏伽德罗常数；

$\lambda_{界面}$——界面厚度；

$D_{晶界}$——晶界扩散系数；

$k$——玻尔兹曼常数；

$T$——温度。

Ni/WC 涂层属于多晶材料，在高温超声冲击作用下晶粒内部滑移直至屈服。由位错理论可知金属材料的滑移塑性变形借助位错在滑移面上的运动实现，且位错密度随着塑性变形过程的进行而增加，其公式为

$$\tau \propto \rho^{1/2} \tag{7-7}$$

式中：$\rho$——位错密度；

$\tau$——塑性流动能力。

在滑移过程中存在位错增殖。高温超声深滚使 Ni/WC 涂层组织结构发生了塑性变形，位错在滑移面上不断运动导致位错密度增加，抵抗塑性变形的能力提高，材料的硬度也得到提升。

图 7-6 所示为不同后处理参数下的局部衍射峰曲线。前人通过 XRD 图谱衍射峰的变化，采用 Scherrer 公式估算材料强烈塑性变形(SPD)后的晶粒尺寸，其公式为

$$D=\frac{K\lambda}{\beta\cos\theta} \tag{7-8}$$

式中：$D$——平均晶粒尺寸；

$K$——Scherrer 常数($K=1$)；

$\lambda$——X 射线的波长；

$\beta$——衍射峰的半峰全宽；

$\theta$——布拉格衍射角。

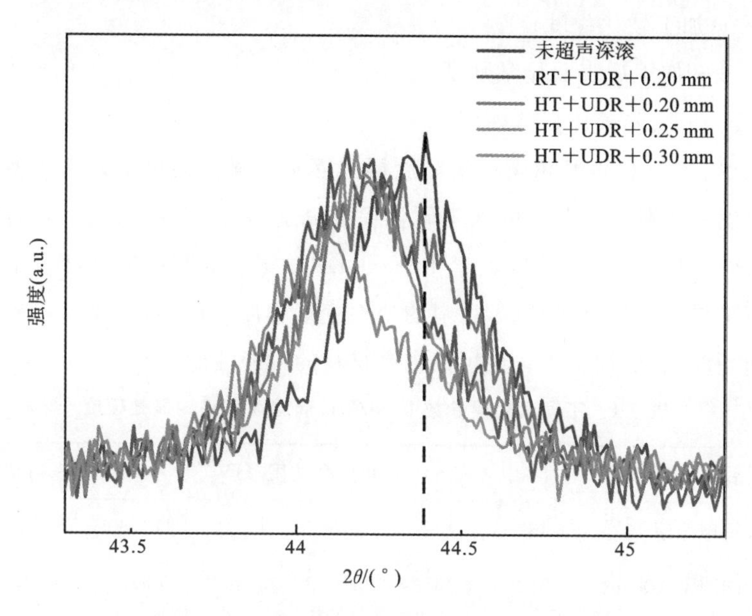


图 7-6 不同后处理参数下局部衍射峰曲线

晶粒尺寸与半峰全宽成反比，与布拉格衍射角成正比。经过超声深滚处理后的衍射峰出现了明显的宽化和迁移，这与大多数 SPD 技术相同，晶粒细化是位错积累、湮灭和重组的结果。通常热处理会导致晶粒长大，但热能的导入促进了材料的流动，使近表面材料的塑性变形更加剧烈。下压量较小时，涂层表面发生弹塑性变形程度低，下压量过大时，涂层表面的抗变形能力增强，导致涂层表面晶粒发生破碎。半峰全宽随着下压量的增加先增大后减小，即晶粒尺寸随着下压量的增加先减小后增大。

## 7.4.2 加工硬化机理

加工硬化是指金属材料在机械加工过程中，材料表层发生强烈塑性变形，使金属发生晶格畸变、晶粒破碎、拉长和纤维化，从而阻碍材料发生进一步变形，使微观组织结构产生变化，表面硬度提高，塑性降低。同时，加工硬化会影响工件的疲劳寿命，因为加工硬化往往产生微裂纹、应力松弛和脆性变大。

一般加工硬化的程度，通常采用加工后和加工前的材料表面显微硬度的关系作为加工硬化的评价指标，即

$$N=\frac{\mathrm{HV}-\mathrm{HV}_0}{\mathrm{HV}_0}\times 100\% \tag{7-9}$$

式中：$N$——加工硬化程度；

HV——加工后表面显微硬度；

$HV_0$——材料基体显微硬度。

未超声深滚、室温和高温超声深滚后涂层表面平均显微硬度如表 7-1 所示，经过计算得室温和高温超声深滚的加工硬化程度分别为 24.4%、32.4%，相同的工艺参数下，HT+UDR 试样硬度大于 RT+UDR 试样，加工硬化程度也不断增大。综合分析可得，高温环境加剧了材料的塑性变形程度，进一步降低了晶粒大小，提高了表面硬度，表面加工硬化层可以提高材料的耐磨性能。

**表 7-1 不同后处理参数下 Ni/WC 涂层表面平均显微硬度**

| 不同后处理参数 | 五组表面显微硬度/HV | | | | | 平均硬度/HV |
|---|---|---|---|---|---|---|
| 未超声深滚 | 439.5 | 422.4 | 416.6 | 448.9 | 416.6 | 430.9 |
| RT+UDR+0.20 mm | 555.5 | 535.4 | 519.8 | 523.7 | 546.3 | 536.1 |
| HT+UDR+0.20 mm | 569.1 | 578.7 | 556.6 | 587.7 | 560.3 | 570.4 |

### 7.4.3 应力强化机理

残余应力是材料在加工过程中，由于不均匀的应力场、应变场、温度场和组织不均匀性，在变形后的变形体内保留下来的应力。适当的残余应力是抑制表面裂纹的萌发与扩展的主要方式之一，在耐磨性和抗疲劳性能方面发挥了重要作用。弹塑性变形机制是形成残余应力的主要方式，材料表层在受到外力作用下，会发生局部的弹塑性变形，当作用力消失后，变形量不同的各部位相互约束，在材料内部形成互斥的应力。图 7-7 所示为弹塑性变形机制示意图，未处理过的粗晶材料，表面存在较多的缺陷，而经过超声深滚处理后的材料发生变形，表层的缺陷得到明显改善，引入了残余压应力，并且形成了梯度纳米层。

当材料表面存在残余拉应力时，由于材料表面本身存在的缺陷，导致裂纹首先从表面开始。但是，当材料表面进行强化处理引入残余压应力后，裂纹更多的是存在于次表面，减少了表面裂纹的萌发，进一步延迟了材料失效。图 7-8 为 HT+UDR 前后的 Ni/WC 涂层上部组织，经过 HT+UDR 后涂层表面缺陷减少，裂纹愈合，气孔缩小，致密性增强。

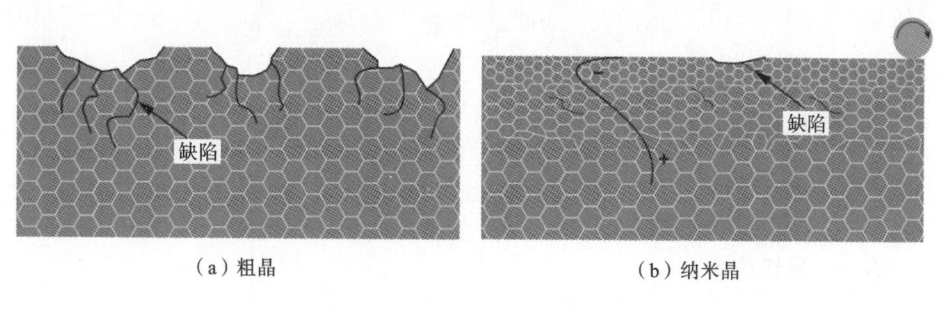


(a) 粗晶　　(b) 纳米晶

图 7-7　弹塑性变形机制示意图

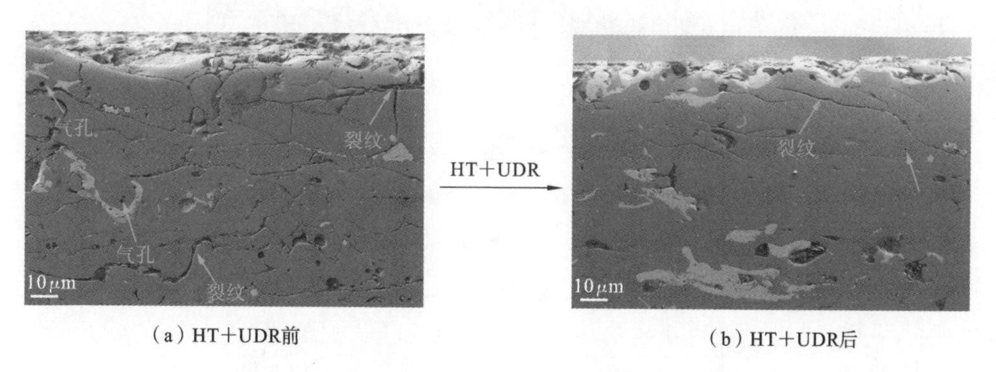


(a) HT+UDR前　　(b) HT+UDR后

图 7-8　HT+UDR 前后 Ni/WC 涂层截面上部组织

# 7.5　下压量对 Ni/WC 涂层摩擦学特性的影响

## 7.5.1　摩擦因数

图 7-9 为不同下压量 HT+UDR 后试样摩擦因数的变化曲线。在摩擦磨损初始阶段，摩擦因数出现急剧上升的趋势，随后逐渐下降达到稳定阶段。主要是因为在初始阶段，硬度较低的镍基合金区域被销盘表面先磨掉产生划痕、犁沟或碎片，剩余的硬质基会形成突出的表面与销盘表面进行摩擦，因此摩擦因数较大；随着摩擦磨损进入第二阶段，涂层磨损接触部分开始剥落、磨粒持续增加，此时的磨损接触界面为微峰与磨屑层，摩擦因数出现下降的趋势；当磨损进入第三阶段时，摩擦因数逐渐趋于平稳。根据摩擦学原理，摩擦因数的计算公式为

$$\mu=\frac{F}{W}=\frac{SA}{W} \tag{7-10}$$

式中：$\mu$——摩擦因数；

$F$——摩擦试验力；

$W$——法向载荷；

$A$——实际接触面积；

$S$——剪切应力。

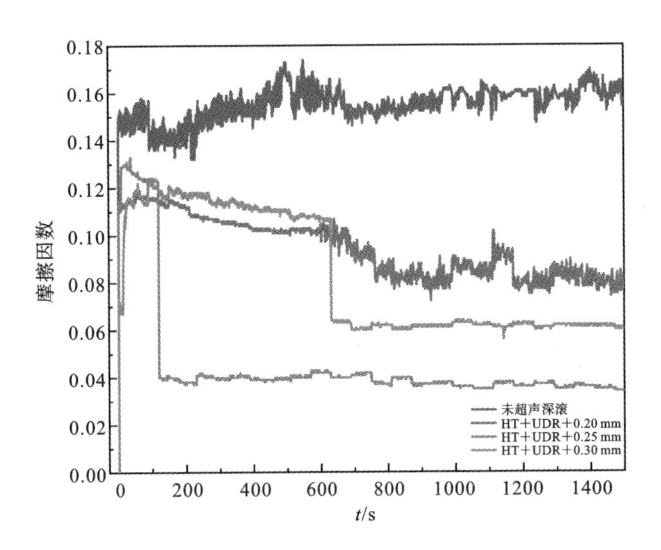


**图 7-9　不同下压量 HT+UDR 后的试样摩擦因数变化曲线**

未超声深滚(下压量为 0 mm)试样的摩擦因数最大，在磨损初始阶段不断增加达到 0.158，持续波动式增长。因为刚开始磨损接触为点接触，表面存在个别的微凸体，磨损过程中，表面持续被破坏，磨损区域变得更加粗糙，因此摩擦因数不断上升。随着磨损时间的增加，表面的磨屑被排出，磨损区域相对光滑，摩擦使接触面温度升高，抗剪切能力降低，摩擦因数开始下降进入稳定磨损阶段。

不同下压量(0.20 mm、0.25 mm、0.30 mm)试样的摩擦因数小于未超声深滚试样，其摩擦因数先达到最大值再下降，最后稳定波动。其中 0.20 mm 下压量试样的初始摩擦因数最小，摩擦因数波动比较大；0.25 mm 下压量试样的初始摩擦因数最大，但快速到达 0.04 左右以后稳定波动；0.30 mm 下压量试样的初始摩擦因数稳定波动，随后逐渐下降，并在 600 s 处骤降，然后逐渐稳定波动。分析其原因：0.20 mm 下压量试样的表面质量相对较差，存在凹坑和凹槽，在磨损过程中会导致接触应力集中，局部摩擦热高，出现黏着和氧化，摩擦因数处于不稳定波动；0.25 mm 下压量试样的表面质量最佳，接触面积较小，摩擦因数较低。将下压量增至 0.30 mm 后，试样表面产生微裂纹和凹坑，磨损需要经历较长时间的第一和第二阶段才能进入第三阶段。

摩擦因数还与材料的硬度和残余应力有关，在表层产生的残余压应力能抵消部分样品所受的接触应力。随着下压量的增加，涂层的显微硬度和残余压应力都不断提升，但下压量达到 0.30 mm 时，过大的下压量会使涂层表面产生微裂纹，显微硬度和残余压应力会降低。因此，摩擦因数主要由涂层表面质量、显微硬度以及残余应力共同决定，并不是单一因素能决定的。

## 7.5.2　磨损量

经电子天平测量计算出未超声深滚 Ni/WC 涂层的磨损失重为 16.7 mg，由于涂层表面存在众多缺陷，高表面粗糙度可提供更多的裂纹萌发点，脱落的硬质粒子比销盘硬度更高，在裂纹和气孔处磨损造成坍陷和断裂，故更容易对涂层表面造成损伤。不同下压量 HT＋UDR 后的 Ni/WC 试样磨损量如图 7-10 所示，结果分别为 7.8 mg、4.5 mg、5.4 mg，相对于未超声深滚试样最高减少了 73.1%。经过 HT＋UDR 加工后的试样相对于没有经过 UDR 加工的试样表面粗糙度更低，硬度更高，产生的磨粒更少，不易堆积磨屑。在磨损前期，磨损量急剧增加，随后磨损量逐渐减小。耐磨性一般与表面硬度大小成正比，下压量为 0.25 mm 的试样

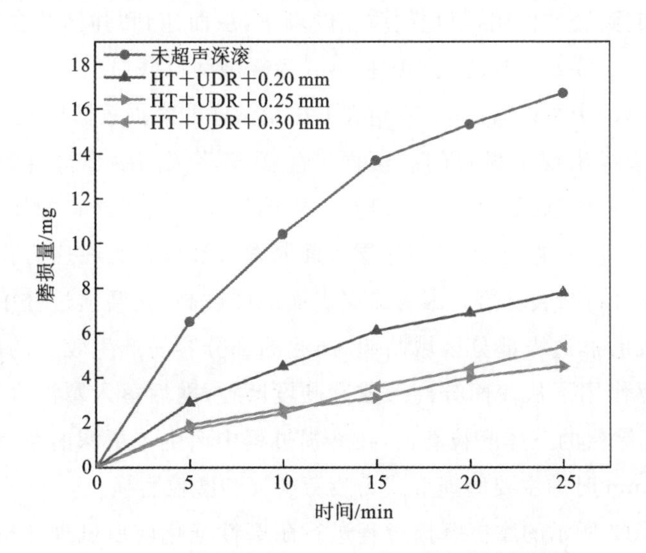


图 7-10　不同下压量 HT＋UDR 后的试样磨损量

的磨损量小于下压量为 0.3 mm 的试样，其主要原因与表面形貌、截面硬度以及残余应力相关。

### 7.5.3 磨损机理

图 7-11 分别为不同下压量处理后的 Ni/WC 涂层表面磨损形貌。从图 7-11(a)中可以看出 0.20 mm 下压量试样的磨损表面呈片状剥落，存在剥落坑和黏着点，犁沟又宽又深且有磨屑堆积。这主要是因为涂层表面存在较多凹坑和粗糙的峰，干滑动磨损时粗糙峰被切割，导致磨损表面形成黏着，继续磨损会产生更多的摩擦热加剧黏着现象，最终形成较大的黏着点。这说明下压量为 0.20 mm 时的主要磨损形式为磨粒磨损和疲劳磨损。

0.25 mm 下压量试样的磨损表面如图 7-11(b)所示，虽然存在很多的犁沟，但犁沟窄而浅，犁沟之间相互平行，与销盘运动方向一致，未有明显的裂纹和剥落坑。因为涂层表面磨损前无明显的大缺陷，由摩擦曲线得知样品最快由点接触转变为面接触进入稳定磨损阶段。可以看出在银白色区域的划痕、犁沟宽度和深度都小于黑色区域，因为 WC 等硬质相具有较高的硬度和强度，抵抗磨损变形能力强。硬质相在涂层摩擦磨损中作为“骨架”的作用，软质相具有良好的塑性变形能力，在摩擦磨损载荷下，内嵌的 WC 等硬质相使 Ni 基合金区域发生塑性变形，吸收部分能量，起到缓冲作用，阻止硬质相的剥落，从而达到“强韧结合”的效果。这说明下压量为 0.25 mm 时的主要磨损形式为轻微磨粒磨损。

从图 7-11(c)中可以看出 0.30 mm 下压量试样的磨损表面出现了较深的犁沟和裂纹，裂纹边缘出现了材料的脱落而产生了剥落坑。由于材料的屈服应力一定，随着不断磨损接触区会形成循环应力，当循环应力大于材料的屈服应力时，涂层表面发生不可恢复的变形，致使涂层表面萌发微裂纹并且在应力作用下扩展到一定程度导致材料断裂剥落。因为涂层表面的硬度高，在磨损过程中销盘与样品相互挤压导致磨痕边缘部分区域凸起，凸起的部分容易产生较大的应力集中，在销盘反复摩擦作用下从表面分离形成高硬度磨粒，随后落入犁沟区域形成销盘、高硬度磨粒和涂层的三体磨粒磨损，在磨损过程中产生了更深的犁沟。这说明下压量为 0.30 mm 时的主要磨损形式为疲劳磨损和磨粒磨损。

通过图 7-12 所示的摩擦磨损过程进行耐磨性强化前后机理分析。在摩擦磨损试验初期，销盘沿着 Ni/WC 涂层表面不断挤压和旋转造成摩擦磨损。高温超声深滚后涂层表面较为平整，WC 颗粒弥散分布在涂层组织中。镍基合金相对于

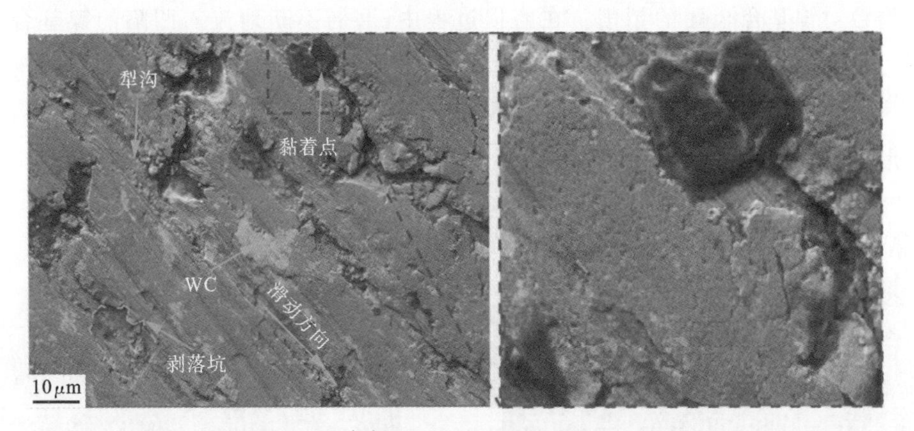


(a) HT+UDR+0.20 mm

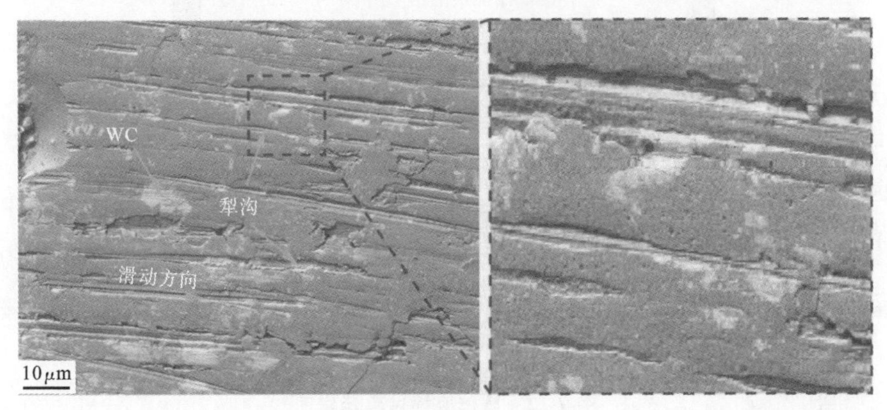


(b) HT+UDR+0.25 mm

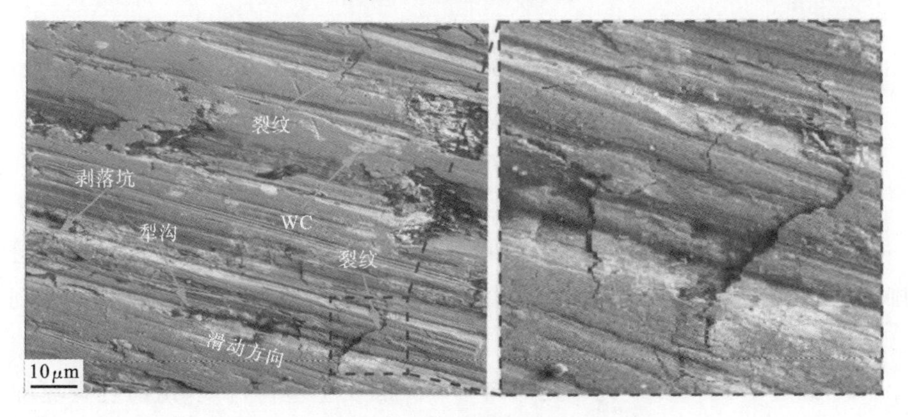


(c) HT+UDR+0.30 mm

图 7-11　不同下压量处理后的 Ni/WC 涂层表面磨损形貌

WC颗粒硬度小，被销盘表面的微凸体迅速去除，露出WC颗粒骨架，可以有效阻断磨粒对镍基合金区的犁削。在磨损过程中，磨屑不断地流入凹陷的镍基合金区，避免了磨屑在销盘和涂层之间滑动，降低了涂层表面发生塑性变形和剥落的概率。随着磨损时间的增加，WC颗粒集中到达凹陷的区域，进行下一轮循环，直至磨损失效。

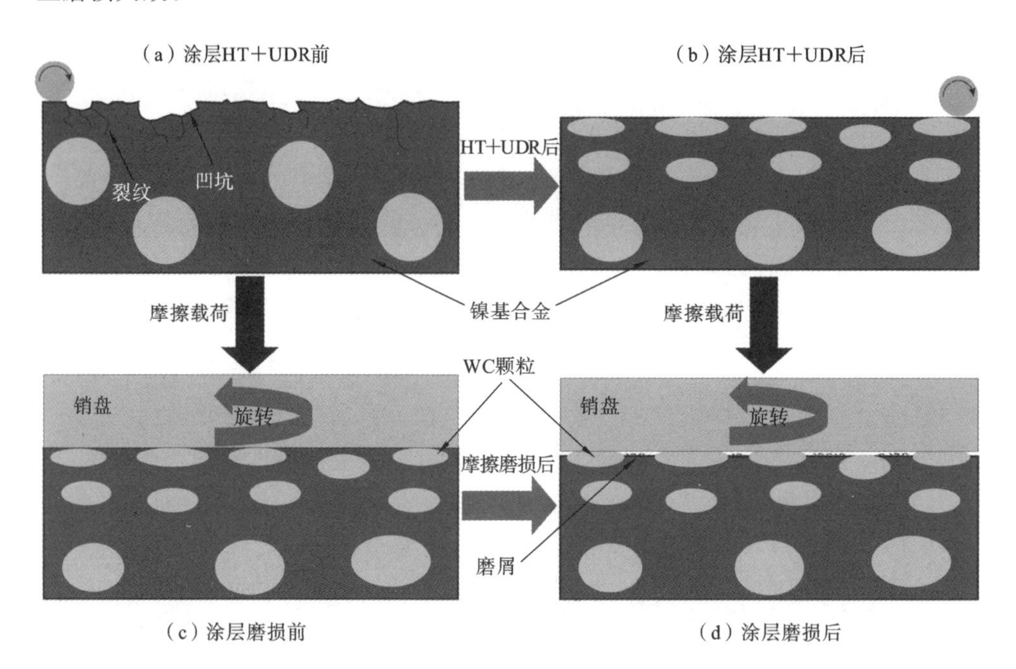


图 7-12　摩擦磨损过程示意图

## 7.6　本章小结

(1) 未超声深滚涂层的表面粗糙度为 $Ra$ 0.85 μm，高温超声深滚加工后进行“削峰填谷”，表面粗糙度得到大幅度降低。表面粗糙度随着下压量的增加呈现出先增大后减小的趋势。

(2) 经过 HT＋UDR 处理后，Ni/WC 涂层发生塑性流变，组织变得更加致密，涂层发生晶粒细化和加工硬化从而提升涂层的硬度。涂层最高显微硬度出现在次表层 25 μm 处，在 0.25 mm 下压量处理下的显微硬度最大，相对于未超声深滚提升了 67.9%。

(3) 未处理涂层的残余应力为残余拉应力，主要来源为淬火应力、热应力和组织应力，经过超声深滚使涂层表层发生塑性变形，涂层表层组织产生晶格畸变，导致拉应力转变为残余压应力。不同下压量高温超声深滚表面的残余压应力分别为−290.9 MPa、−337.9 MPa 和−308.6 MPa，在 0.25 mm 下压量处理下，其值最大，但残余应力均值波动较大。

(4) 未超声深滚试样摩擦因数和磨损量远大于 HT＋UDR 处理后的试样，摩擦因数在摩擦过程中急速增加然后下降，最后趋于稳定。未超声深滚和 HT＋UDR 下压量(0.20 mm、0.25 mm、0.30 mm)试样的磨损量分别为 16.7 mg、7.8 mg、4.5 mg、5.4 mg。

(5) HT＋UDR 下压量对 Ni-WC 涂层摩擦学性能有着较大的改善作用，未超声深滚涂层表面的粒子在磨损载荷作用下剪切脱落，充当硬质磨损颗粒，对表面造成较大的犁沟和剥落。增加下压量后，涂层表面引入残余应力和表面硬化层，磨损表面的剥落坑和磨屑减少，犁沟变浅变窄。当下压量为 0.25 mm 时，涂层摩擦学性能改善最为显著，此时，严重的三体磨粒磨损转变为轻微的磨粒磨损。

# 第8章 高温超声深滚主轴转速对喷涂金属陶瓷涂层摩擦学性能的影响

## 8.1 主轴转速对 Ni/WC 涂层表面粗糙度的影响

表面粗糙度与材料的几何形貌有关，影响材料的疲劳强度和摩擦磨损性能，是评估表面完整性的重要因素。未滚压、常温超声深滚和不同主轴转速下高温超声深滚后的 Ni/WC 涂层的表面粗糙度测量结果如图 8-1 所示。未滚压试样的表面粗糙度 $Ra$ 为 0.834 μm，常温超声深滚试样的表面粗糙度为 0.629 μm，相比于未滚压试样降低了 24.6%。

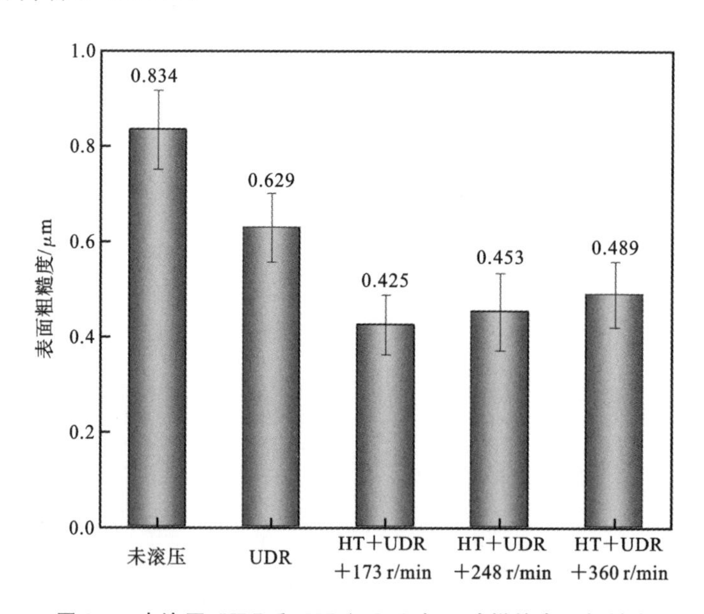


图 8-1 未滚压、UDR 和 HT+UDR 加工试样的表面粗糙度

经高温超声深滚处理后，涂层的表面粗糙度下降更显著，在 173 r/min、248 r/min和 360 r/min 主轴转速下，高温超声深滚处理后的 Ni/WC 涂层的表面粗糙度分别为 0.425 μm、0.453 μm 和 0.489 μm。高温超声深滚试样的表面粗糙度随主轴转速的提高而增大，其中 HT＋UDR＋173 r/min 试样的表面粗糙度最低，相比于未滚压试样下降了 49.04％，相比于常温滚压试样下降了 32.4％。

超声滚压过程中，静态载荷和动态超声冲击通过工具头传递到 Ni/WC 涂层表面，产生的冲击作用使涂层产生剧烈的塑性变形。加工后，涂层表面有一定的弹性恢复，所产生的塑性流动可使 Ni/WC 涂层表面的微观“波峰”被压平，填充至微观“波谷”处，达到“削峰填谷”的光整效果，显著降低涂层的表面粗糙度。高温超声深滚过程中，高温环境有助于降低 Ni/WC 涂层的塑性变形抗力，在相同工艺参数的超声滚压下更容易产生塑性变形，涂层表面的磨削痕迹和孔隙等缺陷更容易在塑性变形过程中被填充，表面会更加平整，表面粗糙度更低。

高温超声深滚 Ni/WC 涂层的表面粗糙度随主轴转速增大而增大。在超声滚压过程中，Ni/WC 涂层表面在圆周方向加工的连续程度受主轴转速的影响较大，低主轴转速下，涂层表面被加工得更均匀，表面的微观波峰更容易被压平，填充到微谷中，有效降低了 Ni/WC 涂层的表面粗糙度；主轴转速较高时会在圆周方向出现加工点和未加工点共存的加工跳跃现象，并且超声滚压加工系统在高主轴转速下容易发生颤振，在加工样品的表面产生振动痕迹，使材料表面产生不均匀塑性变形。

## 8.2　主轴转速对 Ni/WC 涂层显微硬度的影响

图 8-2 为未滚压、常温超声深滚和不同主轴转速下 HT＋UDR 加工 Ni/WC 涂层沿深度方向的显微硬度。未滚压试样的表面硬度为 631.4 HV，沿涂层表面 0～300 μm 厚度方向上，显微硬度变化不明显。经超声滚压后，涂层区域的显微硬度明显提高，沿深度方向减小，在界面处的下降幅度较大，常温超声深滚处理后的 Ni/WC 涂层表面的显微硬度为 754.1 HV，比未滚压涂层提高了 122.7 HV；在 173 r/min、248 r/min 和 360 r/min 主轴转速下，高温超声深滚处理后的 Ni/WC 涂层的表面显微硬度分别为 873.9 HV、817.3 HV 和 789.2 HV。高温超声深滚处理后的涂层表面显微硬度随主轴转速的提高而降低，其中 HT＋UDR＋173 r/min 试样表面的显微硬度最高，相比于未滚压试样提升了 38.4％，相比于常温滚压试样提升了 15.9％。

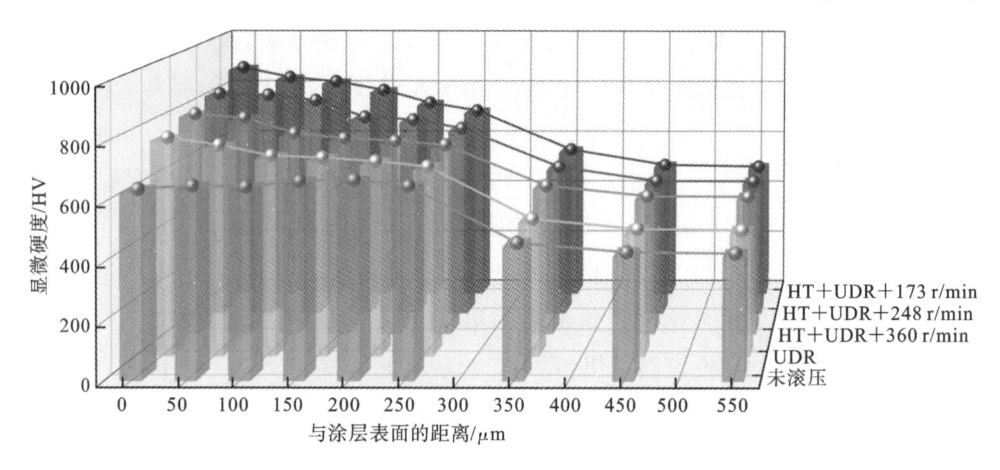


**图 8-2　未滚压、UDR 和 HT+UDR 加工试样的显微硬度**

常温超声深滚后的 Ni/WC 涂层的显微硬度的提高主要归因于晶粒细化和加工硬化。超声滚压在涂层表面产生强烈的塑性变形，涂层内部的镍基合金产生位错运动，位错通过滑移、交互作用形成 DWs 和 DTs，将原始晶粒分割成位错胞；随着应变的继续，高密度位错使 DWs 和 DTs 湮灭、重组形成亚晶界，使涂层表层和亚表层晶粒细化。另外，位错运动形成的部分 DWs 和 DTs 结合成为不可动位错，起到“钉扎”作用，阻碍塑性变形的进一步发生，进而达到强化涂层的目的，即加工硬化。在晶粒细化和加工硬化的共同作用下，超声滚压后的 Ni/WC 涂层的显微硬度得到提高。

高温超声深滚后的 Ni/WC 涂层的显微硬度的提高主要归因于晶粒细化和新硬质相的生成。在常温条件下，晶界会对位错的滑移机制起阻碍作用，但加热温度的升高会减小其阻碍作用，同时提高晶界的迁移率，这有益于 Ni/WC 涂层的晶粒细化程度；在高温条件下，Ni/WC 涂层软化，塑性变形抗力降低，其晶粒内部的滑移机制增多，出现更多的位错滑移，两者的共同作用使得高温超声深滚 Ni/WC 涂层的晶粒细化程度更大。高温超声深滚后 Ni/WC 涂层的物相发生了变化，生成了 $Cr_7C_3$、$Cr_2B_3$ 和 CrB 等新的硬质相，这有利于涂层硬度的提高。因此，经高温超声深滚处理后的显微硬度比常温超声深滚处理后的更高。

在超声滚压过程中，工具头与涂层相接触时，超声频冲击能量由 Ni/WC 涂层表面向基体方向逐渐减弱，在涂层表面最先发生塑性变形，且塑性变形程度沿厚度方向渐渐变小，塑性变形量决定了涂层内部的晶粒细化程度，晶粒细化程度沿深度方向逐渐减弱。涂层经超声滚压强化后，晶粒尺寸沿厚度方向逐渐增大，显微硬度沿厚度方向逐渐减小，如式(8-1)所示，这种现象与传统的霍尔-佩奇(Hall-

Petch)关系一致。

$$H_v = H_0 + K \cdot d^{-\frac{1}{2}} \tag{8-1}$$

式中：$H_v$——显微硬度；

$H_0$——基体显微硬度；

$K$——常数；

$d$——平均晶粒直径。

图 8-3 为主轴转速对超声滚压强化效果影响的示意图，在静压力、振幅、下压量、加工频率和进给量等主要超声滚压工艺参数不变的情况下，主轴转速影响了工具头在工件圆周方向的加工密集程度，如图 8-3(a)所示。

超声滚压加工过程中单位面积的滚压次数 $N$ 与主转速和进给速度相关，它们之间的关系如公式(8-2)所示：

$$N = \frac{60 \times f}{S \times \pi D n} \tag{8-2}$$

式中：$N$——单位面积的滚压次数；

$f$——工具头的振动频率；

$S$——进给量；

$D$——工件的直径；

$n$——主轴转速。

图 8-3(b)分析了不同主轴转速对显微硬度的影响。主轴转速较低时，超声滚压工具头在 Ni/WC 涂层表面的一个微加工区间上的滚压频次更多，加工覆盖率更大，加工区间的塑性变形更剧烈，晶粒细化程度更大。主轴转速较高时，微加工

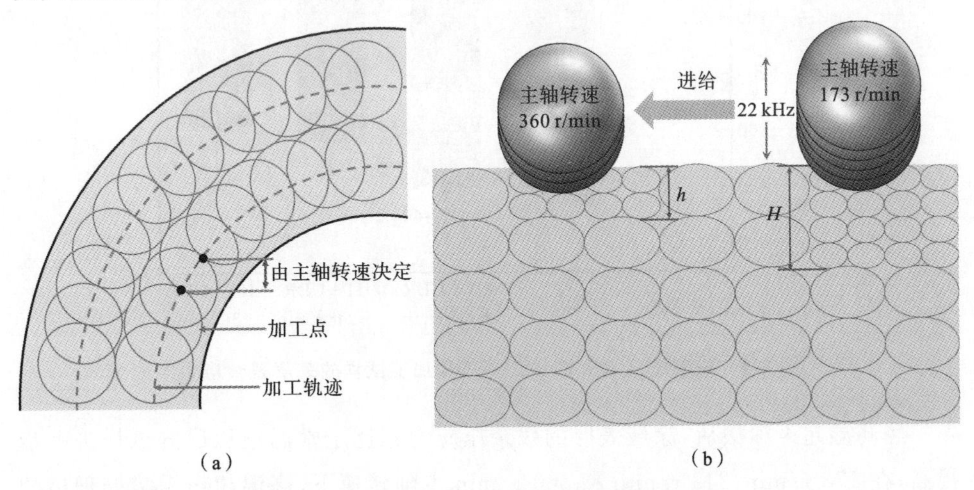


图 8-3　主轴转速对超声滚压强化效果的影响

区间上的滚压频次更少，加工覆盖率更小，晶粒细化程度更小。此外，高主轴转速时，两相邻加工点的冲击距离变大，在 Ni/WC 涂层的加工表面会出现加工点和未加工点共存的加工跳跃现象，使涂层表层的塑性变形不均匀。

## 8.3 主轴转速对 Ni/WC 涂层表层残余应力的影响

热喷涂涂层快速冷凝、涂层与基体热力学性能差异、组织相变是等离子喷涂 Ni/WC 涂层残余应力的三大来源。残余应力对涂层微观组织结构、结合强度等性能产生影响，残余拉应力会使涂层显微硬度降低，产生裂纹甚至开裂，残余压应力能抑制裂纹的扩展和萌生，有利于提升涂层的耐磨性。

未滚压、常温超声深滚和不同主轴转速下 HT＋UDR 加工 Ni/WC 涂层的表层残余应力如图 8-4 所示。未滚压试样表层残余应力表现为残余拉应力，其值为 165.5 MPa。常温超声深滚强化后，涂层表层残余应力由拉应力转化为压应力，残余压应力值为－246.3 MPa。

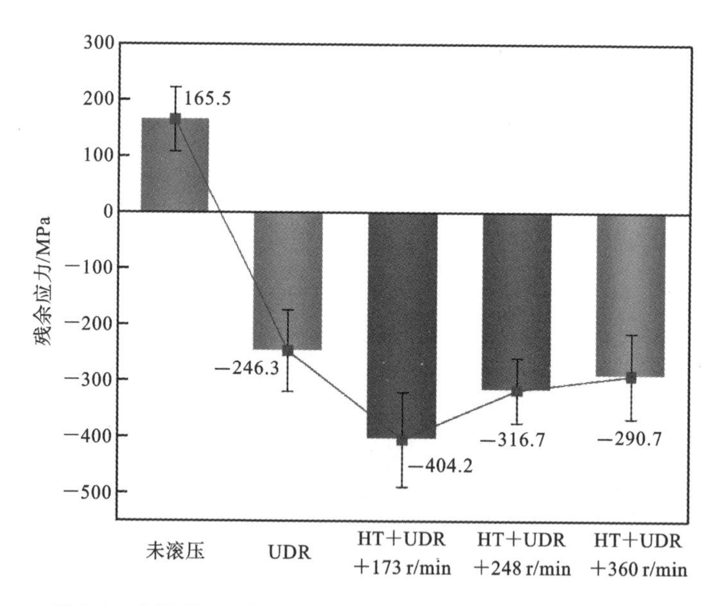


**图 8-4　未滚压、UDR 和 HT＋UDR 加工试样的表层残余应力**

经高温超声深滚后，涂层表层的残余压应力相比于常温滚压后的试样进一步提高，在 173 r/min、248 r/min 和 360 r/min 主轴转速下，高温超声深滚处理后的 Ni/WC涂层的残余压应力值分别为－404.2 MPa、－316.7 MPa 和－290.7 MPa，高温超声深滚后的涂层表层残余压应力绝对值随主轴转速的提高而减小，其中HT＋UDR＋173 r/min试样的残余压应力绝对值最大，与常温超声深滚试样相差了157.9 MPa。

超声滚压过程中，在动态冲击和静态载荷的联合作用下，涂层近表层产生塑性变形，冲击能量沿深度方向衰减，不足以使更深一层的涂层产生塑性变形，涂层内部发生不均匀塑性变形，使涂层引入残余压应力。同时，超声滚压引起的塑性变形引起涂层内部位错运动，产生晶格畸变和扭曲，打乱了内部晶粒顺序，也会引入相应的残余压应力。

在超声滚压过程中引入600 ℃温度场，在高温温度场的作用下，涂层材料的塑性变形抗力下降。在相同工艺参数下，高温超声深滚能使涂层表层区域产生更大程度的塑性变形，引入比常温超声深滚更高的残余压应力。主轴转速主要影响工件在圆周方向的加工均匀性，且影响整个加工系统的稳定性，对塑性变形过程中的超声应力波在材料内部传播和温度传递可能存在影响。

在一定的静压力下，主轴转速较低时，超声滚压过程中工具头在圆周方向对Ni/WC涂层的滚压频率更大，向涂层传递的冲击能量叠加更集中，使得涂层产生更大程度的塑性变形，引入更大的残余压应力。主轴转速较高时，在加工区域内会存在加工跳跃现象。同时，主轴转速越高，工具头与加工区域由于摩擦生热，产生的热量使温度升高，温度升高使涂层表面的组织紧密性降低，减弱了冷作硬化的程度。综合超声滚压时涂层变形程度和加工产生的热量两大因素，高温超声深滚处理后的Ni/WC涂层表面的残余压应力值随着主轴转速的提高而降低。

## 8.4 主轴转速对Ni/WC涂层摩擦学性能的影响

### 8.4.1 摩擦因数与磨损量

MMW-1A立式多功能摩擦磨损试验机实时记录的摩擦因数是摩擦磨损过程中摩擦力矩与止推圈的平均半径和轴向试验力乘积的比值。

$$\mu=\frac{T/R}{P}=4.35\,\frac{T}{P}\times 10^{2} \tag{8-3}$$

式中：$\mu$——摩擦因数；

$T$——试验机摩擦力矩；

$R$——止推圈的平均半径；

$P$——摩擦磨损试验机轴向试验力。

在整个实验过程中 $P$ 为定值(300 N)，由式(8-3)可知，摩擦磨损实验过程中摩擦因数的相对大小由摩擦磨损过程中的摩擦力矩决定。常温干摩擦条件下，未滚压、常温超声深滚和不同主轴转速下 HT+UDR 加工 Ni/WC 涂层在 MMW-1A 立式多功能摩擦磨损试验机中直接获得的摩擦因数随时间变化的曲线如图 8-5 所示。

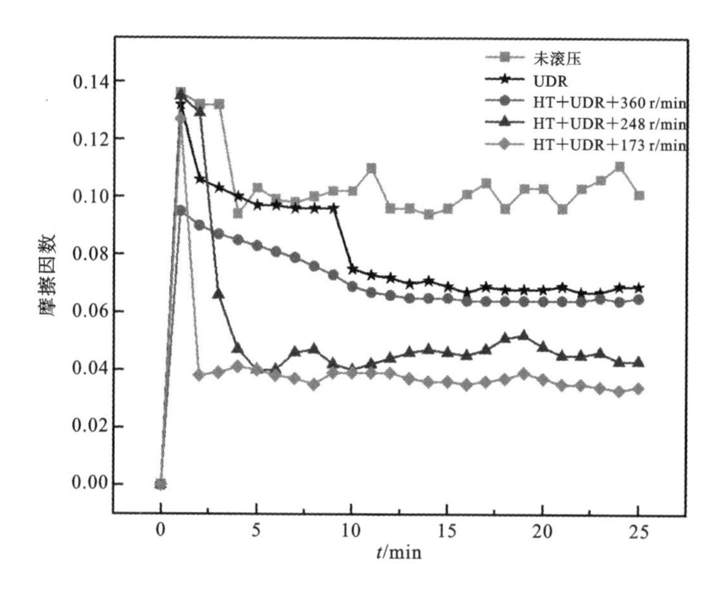


**图 8-5 未滚压、UDR 和 HT+UDR 加工试样的摩擦因数曲线**

从图 8-5 可判断出，Ni/WC 涂层在摩擦磨损过程中可大致分为磨合阶段和稳定磨损阶段。在磨合阶段，各试样的摩擦因数在摩擦磨损实验开始时急剧上升，这是因为在磨损初期，实际接触面积小，对磨的实质是涂层与对磨件的微凸峰接触，旋转对磨时摩擦力和摩擦力矩大，因此摩擦因数高；经过一段时间磨损后，进入稳定磨损阶段，由于对磨件与涂层表面的微凸峰被挤压、剪切破坏，使得涂层与对磨件的实际接触面积变大，摩擦力和摩擦力矩减小，因此摩擦因数变化平缓并逐渐趋于稳定。

在稳定磨损阶段，未滚压涂层的摩擦因数在 0.1 左右大幅波动，并以振荡的方式缓慢增大；常温超声深滚和高温超声深滚处理后的 Ni/WC 涂层的摩擦因数均低于未滚压涂层的摩擦因数。未滚压涂层的摩擦因数以振荡的方式缓慢增大，分析认为是涂层在摩擦磨损中出现了损伤。而常温超声深滚涂层的摩擦因数在

0.07左右小幅波动，不同主轴转速下高温超声深滚后的涂层的摩擦因数分别在0.035、0.045和0.064左右小幅波动，无明显的上升趋势，分析认为是涂层在滑动摩擦过程中比较稳定，并未出现严重的损伤。

Ni/WC涂层经常温超声深滚和高温超声深滚处理后，表面更加平整、表面粗糙度降低、表面硬度和表层残余压应力增大，涂层更加致密，内部的孔隙和裂纹明显减少。涂层组织结构和性能的改善提高了涂层的摩擦磨损性能，因此在摩擦磨损过程中摩擦因数更低，随时间变化更平稳。

未滚压、常温超声深滚和不同主轴转速下HT+UDR加工Ni/WC涂层在整个摩擦磨损过程中的平均摩擦因数和磨损量如图8-6所示。未滚压涂层的平均摩擦因数为0.10058，经常温超声深滚后，涂层的平均摩擦因数降低至0.07823；在173 r/min、248 r/min和360 r/min主轴转速下，高温超声深滚后的涂层平均摩擦因数下降更为明显，分别为0.03904、0.05085和0.06877。其中主轴转速为173 r/min时，涂层的平均摩擦因数最低。根据黏着-犁沟理论，摩擦力($F$)可分解为切削阻力($F_b$)和犁削阻力($F_v$)，其表达式如下：

$$F=F_b+F_v=A_r\tau_b+A_v\sigma_b \tag{8-4}$$

式中：$A_r$——实际接触总面积；

$\tau_b$——材料的抗剪切强度极限；

$A_v$——接触凸起的水平投影面积；

$\sigma_b$——材料的压缩屈服极限。

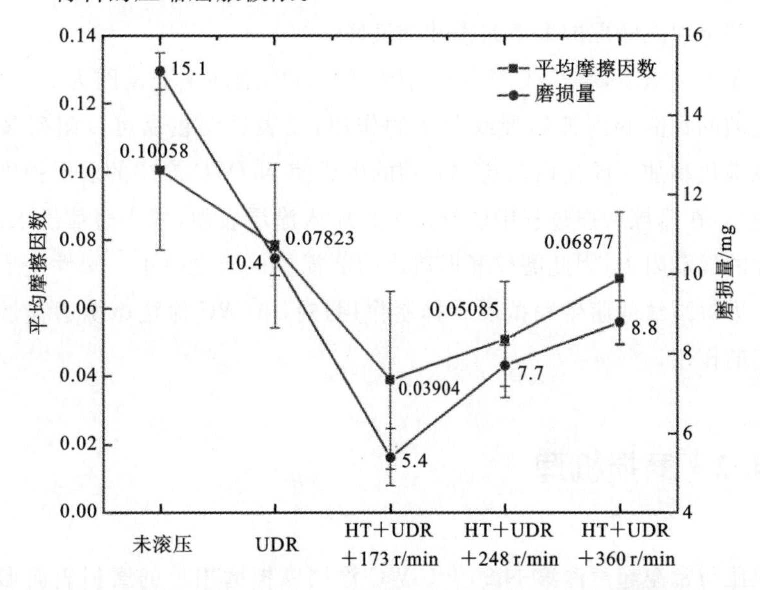


图8-6　未滚压、UDR和HT+UDR加工试样的平均摩擦因数和磨损量

降低表面粗糙度能降低材料在摩擦磨损过程中的摩擦因数，常温超声深滚和高温超声深滚试样的表面粗糙度均比未滚压涂层的低，较低的表面粗糙度说明涂层表面的微凸峰较少，使得 $A_r$ 和 $A_v$ 的值较小，即减弱了在摩擦磨损过程中对磨件与涂层表面凹凸峰之间的互锁效应，降低了切削阻力和犁削阻力，减小了摩擦磨损过程中的摩擦力与摩擦力矩。

常温超声深滚和高温超声深滚后的涂层表面显微硬度比未滚压的更高，在试验外载荷作用下，能有效抵抗对磨件的微凸峰和磨粒压入涂层表层产生的犁削作用，在摩擦磨损过程中切削阻力和磨削阻力较小。因此，常温超声深滚和高温超声深滚后的 Ni/WC 涂层的摩擦因数更低、波动幅度更小可归因于涂层表面粗糙度的降低和表面硬度的提升。

用精度为 0.1 mg 的电子天平称取摩擦磨损试验前后各试样的质量，每个试样称取三次，取平均值，得出各试样的磨损量如图 8-6 所示。未滚压涂层试样的磨损量为 15.1 mg；常温超声深滚后，涂层磨损量下降至 10.4 mg，相比于未滚压试样降低了 31.13%；高温超声深滚(173、248、360 r/min)后涂层试样的磨损量下降更显著，分别为 5.4 mg、7.7 mg 和 8.8 mg，其中主轴转速为 173 r/min 时的高温超声深滚涂层的磨损量最低，相比于常温超声深滚涂层降低了 48.1%，相比于未滚压涂层降低了 64.24%。常温超声深滚和高温超声深滚能改善 Ni/WC 涂层的组织结构和提升表面性能，有效降低 Ni/WC 涂层在常温干摩擦条件下摩擦磨损过程中的摩擦因数和磨损量，提高涂层的摩擦磨损性能。主轴转速为 173 r/min 时的高温超声深滚涂层的摩擦磨损性能最好。

高温超声深滚后，Ni/WC 涂层的摩擦磨损性能提高主要是因为 Ni/WC 涂层表层细化的晶粒能起到抑制裂纹萌生的作用，亚表层的粗晶可以阻碍裂纹的扩展。晶粒细化和加工硬化以及新硬质相的生成使 Ni/WC 涂层的表层强度和硬度进一步提高，在摩擦磨损过程中能抵抗磨粒压入涂层表面，减小磨粒压入深度，降低对磨件的运动阻力，因此磨粒磨损造成的磨损量也随之减小。塑性变形引入的残余压应力对裂纹的萌生和扩展有抑制作用，对 Ni/WC 涂层摩擦磨损性能的提升有一定的作用。

### 8.4.2 磨损机理

未滚压与常温超声深滚 Ni60＋15WC 涂层摩擦磨损后的磨损表面形貌如图 8-7 所示。摩擦磨损试验后，未滚压试样的磨损表面有平行于摩擦磨损转动方向的较宽的梨沟，呈典型的磨粒磨损特征，如图 8-7 (a)所示。

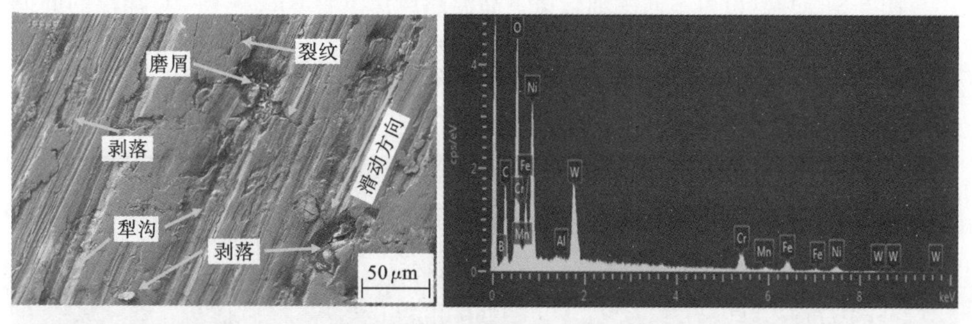


(a) 未滚压试样（左为形貌图，右为总谱图）

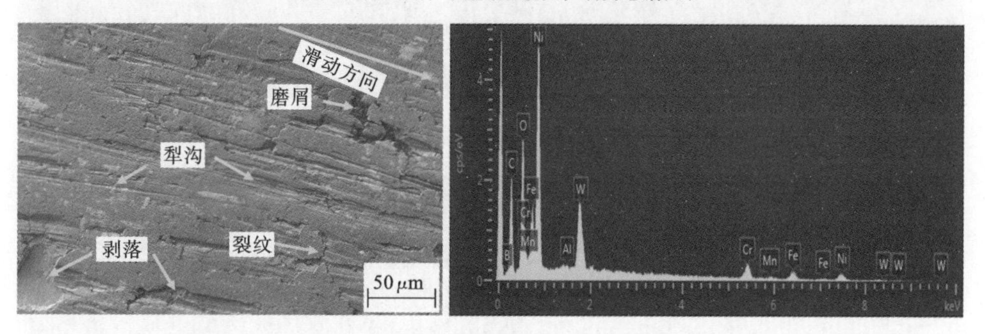


(b) UDR试样（左为形貌图，右为总谱图）

**图 8-7　未滚压与常温超声深滚 Ni60＋15WC 涂层的磨损表面形貌**

在摩擦磨损试验过程中，对磨件止推圈表面的微观凸起在设定的 300 N 载荷作用下嵌入涂层表面，并沿试验机主轴旋转的方向转动，导致涂层表面的部分材料被推挤，堆积在产生的犁沟两侧形成硬度较高的磨屑，这些高硬度磨屑在摩擦磨损过程中脱落被压入 Ni/WC 涂层表面或犁沟中，对涂层表面产生犁削作用。未滚压涂层的磨损表面存在较多的片层状剥落和垂直于犁沟方向的疲劳裂纹，剥落坑内残留有少量的磨屑，表明未滚压涂层在摩擦磨损过程中还存在疲劳磨损。分析认为：摩擦表面受到磨粒压入产生压痕和裂纹，在摩擦应力的作用下涂层表面出现片状剥落；磨损表面的剥落坑处可能存在气孔或孔隙，气孔或孔隙在循环接触应力的作用下出现了断裂或塌陷现象。

常温超声深滚 Ni/WC 涂层的磨损表面有较多因犁削作用产生的犁沟，但犁沟深度与未滚压涂层表面相比会较浅；磨损表面同样存在剥落现象和较少的裂纹，如图 8-7(b)所示。常温超声深滚后的涂层表层或亚表层存在“叠形缺陷”，在摩擦磨损过程中很可能成为疲劳裂纹潜在的起裂源。因此，未滚压和常温超声深滚 Ni/WC 涂层在摩擦磨损过程中的磨损机理主要以磨粒磨损为主，并伴有疲劳磨损。

图 8-8 (a)至(c)为不同主轴转速下高温超声深滚后 Ni60＋15WC 涂层的磨损形貌图。高温超声深滚强化后涂层的磨损表面相比于未滚压和常温滚压涂层的更完整。

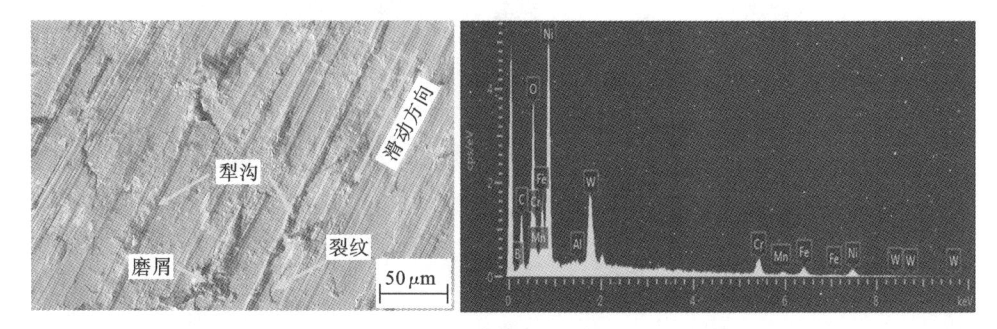


(a) HT＋UDR＋173 r/min试样（左为形貌图，右为总谱图）

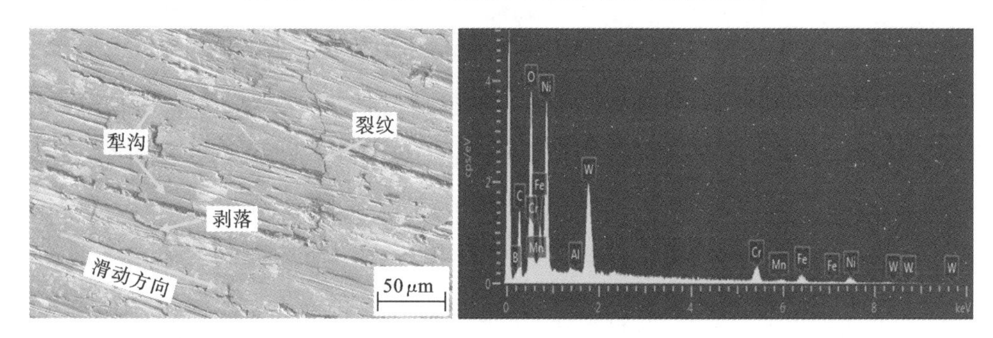


(b) HT＋UDR＋248 r/min试样（左为形貌图，右为总谱图）

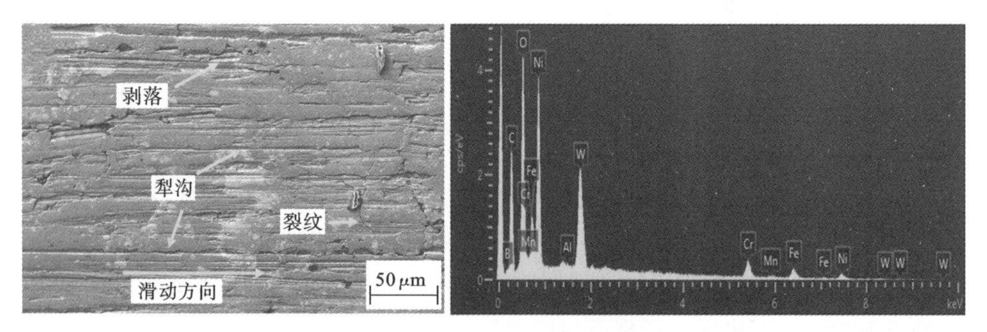


(c) HT＋UDR＋360 r/min试样（左为形貌图，右为总谱图）

**图 8-8 高温超声深滚 Ni60＋15WC 涂层的磨损表面形貌**

经高温超声深滚处理后，涂层的磨损表面均有明显的磨粒磨损的特征，但是磨损表面中犁沟的宽度和深度比未滚压和常温滚压涂层的更小，并且磨损表面的剥落坑和疲劳裂纹的数量也明显减少。主轴转速为 173 r/min 时，高温超声深滚处理后涂层磨损表面存在明显犁沟，呈磨粒磨损特征，磨损表面剥落坑、片状剥落和裂纹较少；主轴转速为 248 r/min 和 360 r/min 时，涂层的磨损表面存在较多的犁沟，呈磨粒磨损特征，表面剥落坑较少，但存在部分片状剥落和垂直于犁沟方向的裂纹。因此，Ni/WC 涂层经高温超声深滚加工处理后，摩擦磨损过程中以磨粒磨损机制为主，疲劳磨损机制有所减弱，磨损状态相较于未滚压和常温滚压涂层更平稳，表明高温超声深滚技术能有效地提升 Ni/WC 涂层的摩擦磨损性能。

Ni60＋15WC 涂层磨损表面的面扫描元素分析结果如表 8-1 所示。发现摩擦磨损后，试样的磨损表面出现了新元素，而且磨损表面中 Fe 元素的质量分数高于 Ni/WC 涂层中的含量。

**表 8-1**　Ni60＋15WC **涂层磨损表面化学元素成分(质量分数,%)**

| 元素 | B | C | O | Cr | Mn | Fe | Ni | W |
|---|---|---|---|---|---|---|---|---|
| 未滚压 | 1.68 | 12.63 | 14.50 | 12.51 | 0.58 | 17.39 | 28.85 | 11.65 |
| 常温超声深滚 | 1.24 | 15.45 | 9.19 | 10.85 | 0.1 | 12.89 | 36.68 | 11.37 |
| HT＋UDR＋173 r/min | 0 | 9.49 | 10.97 | 12.47 | 0.32 | 12.02 | 41.55 | 12.85 |
| HT＋UDR＋248 r/min | 2.09 | 11.58 | 12.61 | 11.82 | 0 | 12.20 | 32.63 | 16.84 |
| HT＋UDR＋360 r/min | 0.78 | 17.37 | 14.24 | 10.79 | 0.13 | 13.95 | 26.6 | 15.9 |

经初步分析，涂层磨损表面中出现的 Mn 元素及增多的 Fe 元素来源于止推圈，在摩擦磨损过程中，涂层表面的微观凸起和硬质磨粒对止推圈表面产生了犁削作用，产生的磨屑残留在涂层磨损表面，导致 Ni/WC 涂层磨损表面新增 Mn 元素，并且 Fe 元素的质量分数增大。分析认为：涂层磨损表面存在的氧元素来源于摩擦磨损过程中的氧化磨损，Ni/WC 涂层表面硬度较高，止推圈与涂层在相对运动中摩擦生热，使涂层表面与对磨件接触区域的瞬时温度升高，材料与空气中的氧原子发生化学反应，形成氧化磨损。因此，Ni/WC 涂层在摩擦磨损过程中还存在氧化磨损机制。

综合分析 Ni60＋15WC 涂层在摩擦磨损过程中的摩擦因数变化、摩擦磨损后的磨损量和磨损表面形貌，可知高温超声深滚强化后涂层的摩擦磨损性能优于未滚压和常温滚压涂层，即高温超声深滚能有效提升 Ni/WC 涂层的摩擦磨损性能。首先，在高温加热的作用下，Ni60＋15WC 涂层组织被软化，导致其塑性变形抗力降低，高温超声深滚使涂层产生强烈的塑性变形，修复涂层内部的孔隙、裂纹，使涂层内部组织结构更加致密，减少了疲劳裂纹的来源。高温超声深滚处理后的涂层表层残余应力由拉应力转变为压应力，在摩擦磨损过程中，残余压应力能有效抑制裂纹的萌生和扩展。

高温环境减弱了晶界对位错运动的阻碍作用，加快了晶界的迁移速度，增大了高温超声深滚处理后的涂层表层晶粒细化程度；并且高温超声深滚后的涂层表面生成了 $Cr_7C_3$、$Cr_2B_3$ 和 CrB 等新的硬质化合物，晶粒细化和新硬质相的生成使得涂层显微硬度提高，能有效抵抗对磨件和磨粒压入涂层表面产生的犁削作用。高温超声深滚处理后，在表面质量、微观组织结构、表面显微硬度和残余应力等多因素提升的协同作用下，Ni/WC 涂层的摩擦磨损性能进一步提升。

经高温超声深滚后，Ni60＋15WC 涂层的耐磨性随主轴转速的增大而降低，这与不同主轴转速下高温超声深滚处理后的 Ni/WC 涂层的性能不同有关。在超声滚压过程中，主轴转速主要影响被加工表面在单位时间内的滚压次数。当主轴转速较低时，工具头在 Ni/WC 涂层表面上的某一区域的加工次数更多，在该区域的塑性变形更严重。当主轴转速较高时，两相邻加工点的冲击距离变大，在 Ni/WC 涂层的加工表面会出现加工点和未加工点共存的加工跳跃现象。在高主轴转速引起的颤振会导致加工系统不稳定、涂层表面滚压程度不一样、塑性变形程度不均匀。经高温超声深滚后，涂层的表面粗糙度、显微硬度和残余应力等表面性能随主轴转速的增大而降低，进而在同等条件下，其摩擦磨损性能也随主轴转速的增大而降低。

# 8.5　本章小结

（1）超声滚压处理对 Ni/WC 涂层有“削峰填谷”的效果。经常温超声深滚后，Ni/WC 涂层的表面粗糙度降低 24.8%，在温度场的作用下，经高温超声深滚后，Ni/WC 涂层的表面粗糙度随主轴转速的提高而增大。

（2）超声滚压过程中，在静态载荷和动态冲击的共同作用下，涂层表层产生塑性变形、晶粒细化。经常温超声深滚强化后，在晶粒细化和加工硬化的共同作用下，Ni/WC 涂层表面硬度提高了 122.7 HV。表面显微硬度随主轴转速的提高而降低。

（3）经常温超声深滚强化后，Ni/WC 涂层表面的残余拉应力转变为残余压应力，压应力值为－246.3 MPa，经高温超声深滚后，Ni/WC 涂层的表面残余压应力随主轴转速的提高而降低。

(4) Ni/WC 涂层经高温超声深滚后的耐磨性显著提升。高温超声深滚(173、248、360 r/min)后的涂层试样的磨损量分别为 5.4 mg、7.7 mg 和 8.8 mg,其中主轴转速为 173 r/min 下的高温超声深滚涂层的磨损量最低,相比于常温超声深滚涂层降低了 48.1%,相比于未滚压涂层降低了 64.24%。

(5) 未滚压和常温超声深滚 Ni/WC 涂层的磨损机制以磨粒磨损为主,并伴有剥落磨损。高温超声深滚后的 Ni/WC 涂层表面的磨损机制同样以磨粒磨损为主,并伴有少量的剥落磨损。从各磨损表面的 EDS 分析结果中均发现有氧元素存在,表明涂层在摩擦磨损过程中还存在氧化磨损机制。

# 结　束　语

超声滚压技术是一种新型的材料表面后处理工艺，其加工过程具有性能稳定、加工效率高和绿色环保等优点，凭借系统特有的超声振动能量和静态载荷联合作用于材料表面，能够较好地改善材料的表面完整性状态，进一步提高材料的综合性能，同时也为我国高端机械装备的绿色制造提供了技术支撑。基于超声滚压技术的成熟理论和广阔的应用需求，相信今后与之相关的超声滚压技术体系会不断趋于完善。通过本书内容及当前超声滚压技术在试验影响因素、性能应用研究和复合加工工艺等方面的分析，可对超声滚压技术的未来研究发展作如下展望：

(1) 在试验性能表征方面，本书只研究了添加一定硬质相陶瓷涂层材料的组织性能和机械性能指标，涉及涂层材料的微观形貌、物相分析、界面元素分析、孔隙率分析、显微硬度分析、残余应力分析、耐磨性分析。后续可进一步研究超声滚压复合工艺对不同功能涂层的结合强度、热导率、疲劳强度及耐腐蚀等性能。为提高该技术对不同材料的适用性，还可对高温辅助超声滚压涂层的应变敏感特性进行测定，为探究不同温度下其塑性变形机理和热力耦合作用下超声能量场应力应变机制提供参考。

(2) 可将数值模拟技术与试验研究相结合，开发不同材料的新型超声滚压强化工艺，同时研究一维/多维超声滚压复合工艺的动态响应模型和晶粒尺度的微观结构演变机理，建立起超声滚压加工参数与不同材料的表面完整性和疲劳寿命之间的映射关系。

# 参 考 文 献

[1] 罗俊威. 等离子堆焊碳化钨颗粒增强铁镍基复合涂层组织与性能研究[D]. 广州:广东工业大学,2020.

[2] 周超极,朱胜,王晓明,等. 热喷涂涂层缺陷形成机理与组织结构调控研究概述[J]. 材料导报，2018，32(19)：3444-3455，3464.

[3] 韩冰源,徐文文,朱胜,等. 面向等离子喷涂涂层质量调控的工艺优化方法研究现状[J]. 材料导报，2021，35(21)：21105-21112.

[4] LIU D，LIU D X，ZHANG X H，et al. Surface nanocrystallization of 17-4 precipitation-hardening stainless steel subjected to ultrasonic surface rolling process[J]. Materials Science and Engineering：A，2018，726：69-81.

[5] 许全军,龚宝明,刘秀国,等. 超声滚压对 45 钢微观组织和力学性能的影响[J]. 表面技术，2022，51(1)：339-347.

[6] YE H，SUN X，LIU Y，et al. Effect of ultrasonic surface rolling process on mechanical properties and corrosion resistance of AZ31B Mg alloy[J]. Surface and Coatings Technology，2019，372：288-298.

[7] WANG J，ZHANG C，SHEN X，et al. A study on surface integrity of laser cladding coatings post-treated by ultrasonic burnishing coupled with heat treatment[J]. Materials Letters，2022，308：131136.

[8] SU H，SHEN X，XU C，et al. Surface characteristics and corrosion behavior of TC11 titanium alloy strengthened by ultrasonic roller burnishing at room and medium temperature[J]. Journal of Materials Research and Technology，2020，9(4)：8172-8185.

[9] 陈永雄,罗政刚,梁秀兵,等. 热喷涂技术的装备应用现状及发展前景[J]. 中国表面工程，2021，34(4)：12-18.

[10] 杜辉辉. 不同激光重熔轨迹对 Fe 基 Ni/WC 喷涂涂层显微组织结构和摩擦学性能的影响[D]. 赣州:江西理工大学，2019.

[11] 上官绪超. 激光重熔等离子喷涂 WC/Fe 涂层的组织与耐磨性能研究[D].

赣州：江西理工大学，2018.

[12] 李志明,钱士强. 激光重熔等离子喷涂涂层研究现状与展望[J]. 上海工程技术大学学报，2009，23(3)：263-269.

[13] 赵运才,张新宇,孟成.热喷涂金属陶瓷涂层后处理技术的研究进展[J].表面技术,2021,50(7):138-148.

[14] 张继武. 纳米 SiC 对激光重熔 Fe/WC 涂层组织及性能的影响研究[D]. 赣州:江西理工大学，2018.

[15] 何文. 激光重熔工艺参数对喷涂 Fe 基 Ni/WC 涂层微观缺陷的抑制机制研究[D]. 赣州:江西理工大学，2018.

[16] 商泽昊. 热喷涂 WC-Ni 基硬质合金涂层感应加热工艺及界面强化研究[D]. 大连:大连理工大学，2022.

[17] VASHISHTHA N，SAPATE S G，BAGDE P，et al. Effect of heat treatment on friction and abrasive wear behaviour of WC-12Co and Cr3C2-25NiCr coatings[J]. Tribology International，2018,118：381-399.

[18] MI P，YE F. Structure and wear performance of the atmospheric heat-treated HVOF sprayed bimodal WC-Co coating[J]. International Journal of Refractory Metals and Hard Materials，2018，76：185-191.

[19] DEENADAYALAN K，MURALI V，ELAYAPERUMAL A，et al. Friction and wear properties of short time heat-treated and laser surface re-melted NiCr-WC composite coatings at various dry sliding conditions[J]. Journal of Materials Research and Technology，2022，17：3080-3104.

[20] 孟成,赵运才,张新宇,等.高温辅助超声滚压对等离子喷涂 Fe 基 WC 涂层组织结构的改善机制[J/OL].热加工工艺:1-6[2023-08-26].

[21] 杨毕肖,宋鹏,黄太红,等. 热处理对多层复合增韧涂层的微观结构及力学性能的影响[J]. 中国表面工程，2022，35(4)：65-74.

[22] 逯平平，李新梅，梁存光，等. 热处理对等离子喷涂 WC-12Co 涂层性能的影响[J]. 材料热处理学报，2019，40(5)：123-129.

[23] PRASHAR G，VASUDEV H，THAKUR L. Influence of heat treatment on surface properties of HVOF deposited WC and Ni-based powder coatings：a review[J]. Surface Topography：Metrology and Properties，2021，9(4)：043002.

[24] 张蕾涛,李海涛,贾润楠,等. 激光重熔 Ni60/50%WC 复合涂层的制备及性

能[J]. 金属热处理，2021，46(5)：229-234.

[25] DAS B，NATH A K，BANDYOPADHYAY P P. Online monitoring of laser remelting of plasma sprayed coatings to study the effect of cooling rate on residual stress and mechanical properties[J]. Ceramics International，2018，44(7)：7524-7534.

[26] 张新宇，赵运才，孟成，等. 高温环境下超声深滚静压力对金属陶瓷涂层微观组织结构的影响[J]. 润滑与密封，2023，48(2)：95-102.

[27] YANG K，LI J，WANG Q Y，et al. Effect of laser remelting on microstructure and wear resistance of plasma sprayed $Al_2O_3$-40% $TiO_2$ coating[J]. Wear，2019，426：314-318.

[28] CHONG K，ZOU Y，WU D，et al. Pulsed laser remelting supersonic plasma sprayed $Cr_3C_2$-NiCr coatings for regulating microstructure，hardness and corrosion properties[J]. Surface and Coatings Technology，2021，418：127258.

[29] 赵运才，上官绪超，张继武，等. 激光重熔改性 WC/Fe 等离子喷涂涂层组织及其耐磨性能[J]. 表面技术，2018，47(3)：20-27.

[30] 杜辉辉，赵运才，黄丽容，等. 激光重熔轨迹对 Fe 基 Ni/WC 喷涂层摩擦学性能的影响[J]. 中国表面工程，2018，31(3)：152-160.

[31] DE FREITAS F E，BRIGUENTE F P，DOS REIS A G，et al. Investigation on the microstructure and creep behavior of laser remelted thermal barrier coating[J]. Surface and Coatings Technology，2019，369：257-264.

[32] DAS B，NATH A K，BANDYOPADHYAY P P. Scratch resistance and damage mechanism of laser remelted thermally sprayed ceramic coating[J]. Surface and Coatings Technology，2019，364：157-169.

[33] 张峻，赵运才，何扬，等. 基于高温辅助超声深滚下压量对金属陶瓷涂层组织结构和性能影响[J]. 材料保护，2022，55(12)：100-105，131.

[34] 赵运才，张新宇，孟成. 热喷涂金属陶瓷涂层后处理技术的研究进展[J]. 表面技术，2021，50(7)：138-148.

[35] 章仕磊，赵运才，张峻，等. 高温环境下超声滚压工艺参数与涂层表面性能的相关性[J]. 有色金属工程，2023，13(2)：7-14，50.

[36] ZHAO W，LIU D，ZHANG X，et al. Improving the fretting and corrosion fatigue performance of 300M ultra-high strength steel using the ultrasonic

surface rolling process[J]. International Journal of Fatigue, 2019, 121: 30-38.

[37] LIU D, LIU D X, ZHANG X H, et al. Microstructural evolution mechanisms in rolled 17-4PH steel processed by ultrasonic surface rolling process [J]. Materials Science and Engineering: A, 2020, 773: 138720.

[38] AO N, LIU D, ZHANG X, et al. Surface nanocrystallization of body-centered cubic beta phase in Ti-6Al-4V alloy subjected to ultrasonic surface rolling process[J]. Surface and Coatings Technology, 2019,361: 35-41.

[39] YIN M, CAI Z, ZHANG Z, et al. Effect of ultrasonic surface rolling process on impact-sliding wear behavior of the 690 alloy[J]. Tribology International, 2020, 147: 105600.

[40] DANG J, ZHANG H, AN Q, et al. Surface integrity and wear behavior of 300M steel subjected to ultrasonic surface rolling process[J]. Surface and Coatings Technology, 2021, 421: 127380.

[41] ZHANG Y, LI L, WANG X, et al. Experimental study on aluminum bronze coating fabricated by electro-spark deposition with subsequent ultrasonic surface rolling [J]. Surface and Coatings Technology, 2021, 426: 127772.

[42] CUI Z, QIN Z, DONG P, et al. Microstructure and corrosion properties of FeCoNiCrMn high entropy alloy coatings prepared by high speed laser cladding and ultrasonic surface mechanical rolling treatment[J]. Materials Letters, 2020, 259: 126769.

[43] 孟成,赵运才,张新宇,等. 超声滚压表面强化技术的研究现状与应用[J]. 表面技术,2022,51(8):179-202.

[44] WANG Z, LIU Z, GAO C, et al. Modified wear behavior of selective laser melted Ti6Al4V alloy by direct current assisted ultrasonic surface rolling process[J]. Surface and Coatings Technology, 2020, 381: 125122.

[45] 孙智妍,张雲飞,赵秀娟,等. 电脉冲对 GH4169 超声滚压表面性能的影响[J]. 兵器材料科学与工程, 2021, 44(3): 33-38.

[46] LUAN X, ZHAO W, LIANG Z, et al. Experimental study on surface integrity of ultra-high-strength steel by ultrasonic hot rolling surface strengthening[J]. Surface and Coatings Technology, 2020, 392: 125745.

[47] 何扬,赵运才,张峻,等.高温辅助超声滚压下主轴转速对涂层组织结构和性能的影响[J].材料热处理学报,2022,43(5):170-176.

[48] AMANOV A, UMAROV R. The effects of ultrasonic nanocrystal surface modification temperature on the mechanical properties and fretting wear resistance of Inconel 690 alloy[J]. Applied Surface Science, 2018, 441: 515-529.

[49] 刘风雷,黄宏,李察. 航空 Inconel 718 高强紧固件螺纹温滚压成形技术[J]. 航空制造技术, 2014(3): 71-73.

[50] 巩贤宏. 温度场辅助超声滚压强化 Inconel 718 合金表面完整性和机械性能的研究[D]. 济南:齐鲁工业大学, 2021.

[51] 孟成. 高温辅助超声滚压对喷涂 Fe 基 Ni/WC 涂层组织结构和摩擦学性能的影响[D]. 赣州:江西理工大学, 2022.

[52] 李刚. 热等静压 Ti-6Al-4V 材料的表面加热辅助超声复合滚压强化机理研究[D]. 广州:华南理工大学, 2017.

[53] ZHANG J, ZHAO Y, HE Y, et al. Effect of high-temperature-assisted ultrasonic deep rolling on microstructure and tribological properties of Ni-WC coatings[J]. Coatings, 2023,13(3):499.

[54] 何扬,赵运才,张峻,等. 高温辅助超声滚压下主轴转速对涂层组织结构和性能的影响[J]. 材料热处理学报, 2022, 43(5): 170-176.

[55] ZHAO W, LIU D, QIN H, et al. The effect of ultrasonic nanocrystal surface modification on low temperature nitriding of ultra-high strength steel [J]. Surface and Coatings Technology, 2019, 375: 205-214.

[56] WANG P, GUO H, WANG D, et al. Microstructure and tribological performances of M50 bearing steel processed by ultrasonic surface rolling[J]. Tribology International, 2022, 175: 107818.

[57] MENG Y, DENG J, GE D, et al. Surface textures fabricated by laser and ultrasonic rolling for improving tribological properties of TiAlSiN coatings [J]. Tribology International, 2021, 164: 107248.

[58] JIAO F, LAN S, ZHAO B, et al. Theoretical calculation and experiment of the surface residual stress in the plane ultrasonic rolling[J]. Journal of Manufacturing Processes, 2020, 50: 573-580.

[59] LESYK D A, MORDYUK B N, MARTINEZ S, et al. Influence of combined laser heat treatment and ultrasonic impact treatment on microstruc-

ture and corrosion behavior of AISI 1045 steel[J]. Surface and Coatings Technology, 2020, 401: 126275.

[60] ZHAO X, LIU K, XU D, et al. Effects of ultrasonic surface rolling processing and subsequent recovery treatment on the wear resistance of AZ91D Mg alloy[J]. Materials, 2020, 13(24): 5705.

[61] ZHAO Y, HE Y, ZHANG J, et al. Effect of high temperature-assisted ultrasonic surface rolling on the friction and wear properties of a plasma sprayed Ni/WC coating on # 45 steel substrate[J]. Surface and Coatings Technology, 2023, 452: 129049.

[62] 张飞. 超声表面滚压工艺参数对 45 钢摩擦磨损性能的影响研究[D]. 赣州: 江西理工大学, 2018.

[63] LI W, SHI X, LIANG Y, et al. Effects of ultrasonic surface rolling processing on the surface microstructure and properties of a tungsten heavy alloy[J]. Materials Research Express, 2019, 6(12): 1265a5.

[64] 张新宇. 基于高温环境下超声深滚静压力对 Ni-WC 喷涂涂层微观组织结构和摩擦学性能影响研究[D]. 赣州:江西理工大学,2022.

[65] 刘琪. 压铸模具用钨合金表面改性与强化研究[D]. 贵阳:贵州大学, 2019.

[66] 叶寒,赖刘生,李骏,等. 超声滚压强化 7075 铝合金工件表面性能的研究[J]. 表面技术, 2018, 47(2): 8-13.

[67] 蒋书祥. 热力耦合高速二维超声滚压表面形变强化机理研究[D]. 焦作:河南理工大学, 2018.

[68] DONG T, LIU L, LI G, et al. Effect of induction remelting on microstructure and wear resistance of plasma sprayed NiCrBSiNb coatings[J]. Surface and Coatings Technology, 2019, 364: 347-357.